Luis A. Moreno C.

CONCIENCIACIÓN AMBIENTAL PARA LA REVALORIZACIÓN DE AGUAS GRISES

Luis A. Moreno C.

CONCIENCIACIÓN AMBIENTAL PARA LA REVALORIZACIÓN DE AGUAS GRISES

Editorial Académica Española

Imprint

Any brand names and product names mentioned in this book are subject to trademark, brand or patent protection and are trademarks or registered trademarks of their respective holders. The use of brand names, product names, common names, trade names, product descriptions etc. even without a particular marking in this work is in no way to be construed to mean that such names may be regarded as unrestricted in respect of trademark and brand protection legislation and could thus be used by anyone.

Cover image: www.ingimage.com

Publisher:
Editorial Académica Española
is a trademark of
Dodo Books Indian Ocean Ltd. and OmniScriptum S.R.L publishing group

120 High Road, East Finchley, London, N2 9ED, United Kingdom
Str. Armeneasca 28/1, office 1, Chisinau MD-2012, Republic of Moldova, Europe
Printed at: see last page
ISBN: 978-613-9-40924-2

ÍNDICE GENERAL

ÍNDICE DE TABLAS

ÍNDICE DE FIGURAS

Figura

AGRADECIMIENTO

Mucho que agradecer a mi tutor Dr. Enrique Avila, por su constante y despreocupada colaboración con mi propuesta de no ser así no podría haber avanzado, a mi hermano Jorge Eduardo por abrirme los ojos y transmitirme sus conocimientos como docente de Metodología de la Investigación, a las autoridades de Estudios de Postgrado por darle celeridad a los trámites, a mis compañeros de postgrado especialmente a mis compañeras de equipo Lenni y Naile.

Luis Alberto

DEDICATORIA

A mis difuntos: padre Elio Antonio, hermanos Augusto Enrique y Daniel Antonio.

A mi amada esposa por tener la paciencia para escuchar mis quejas.

A mis hijos Baldomero, Luisana y Romina, todos profesionales de la República.

A mi amada madre Lucia, mis hermanos Elio José, Jorge, mis hermanas Ana Lucia y Yumaira.

A mis nietos Valentina, Román, Flavia y Roque, los amo

Luis Alberto

RESUMEN

El objetivo principal fue diseñar un modelo educativo de concienciación ambiental para la gestión de revalorización de las aguas grises residenciales en la urbanización Villa Universitaria San Carlos-Cojedes, mediante propuestas estratégicas sobre potencialidades y necesidades de mejora en la concienciación ambiental de la comunidad. Se presentó una postura con enfoque fundamentalmente cuantitativo, buscando la regularidad de los fenómenos y la objetividad, se ejecutó una formulación previa de hipótesis. Para determinar el nivel de aceptación y conocimiento se realizaron encuestas en la comunidad Villa Universitaria de San Carlos estado Cojedes para investigar el conocimiento, la sensibilidad, la disposición y la actitud sobre la aceptación de la reutilización de aguas grises, consistió en la caracterización del constructo Concienciación Ambiental; la suficiencia muestral fue evaluada mediante el alfa de Cronbach. La población de estudio fue una muestra piloto, de cada una de las viviendas de la Comunidad Villa Universitaria; el método de recolección de datos consistió en la encuesta estructurada, las preguntas presentan una escala de cero (0) a cinco (5). Con base a los resultados del análisis de los datos de la encuesta de concienciación ambiental y del análisis prospectivo en la posible reutilización de las aguas grises, en esta investigación se llegó a las conclusiones que las aguas grises son una fuente de agua renovable y fiable y debe utilizarse como una fuente alternativa de agua, sin embargo, se requiere una opinión y aceptación pública positiva; ya que se pudo observar que la conciencia sobre el agua gris y su reutilización era limitada y el suministro de información para crear conciencia en el tema ayudaría considerablemente en la mejora de la opinión pública. En base a los resultados, se propuso formular un plan de educación ambiental sustentable para la comunidad Villa Universitaria, considerando el bajo nivel de concienciación inicial en el proceso de gestión de revalorización de aguas grises como parte de los bienes y servicios ambientales; así como la promoción de la concienciación ambiental sustentable mediante diferentes ítems.

Palabras claves: concienciación, aguas grises, hipótesis, prospectivo, sustentable.

INTRODUCCIÓN

El Consejo de Seguridad de la Organización de las Naciones Unidas (ONU, 2021), en el informe del 23 de febrero, fundamentado en el Panel Intergubernamental sobre Cambio Climático (IPCC), muestra que el vigente y acelerado deterioro climático (incendios forestales, inundaciones y sequías) está perturbando gravemente la paz y la seguridad mundial en forma masiva y multifacética, donde la última década fue la más calurosa en la historia de la humanidad, con niveles récord de dióxido de carbono. Las condiciones meteorológicas y climáticas extremas, causado por el acelerado uso, deterioro y extinción de los bienes y servicios ambientales (BySA), están produciendo un loop que dañan los BySA que quedan, del cual depende la vida en genera, debilitando los sistemas sociales, económicos y políticos.

Se requiere urgentemente limitar el aumento de la temperatura global de 1,5 grados °C a finales de este siglo. Si la antrópica humana continua a este ritmo, el planeta enfrentará un colapso de todo lo que nos da seguridad (producción de alimentos, acceso a agua dulce sana, temperatura ambiente habitable y cadenas alimentarias oceánicas). El informe plantea que el concepto de sustentabilidad y sostenibilidad, ya no es para proteger el futuro, sino también el presente, que está sufriendo calamidades.

El informe concluye que son las comunidades en general (públicos, privados y gobiernos), con las ansias de una economía no circular, requieren una re-educación general que incluya el AutoEcoAprendizaje

Evolutivo (AEA-E), fundamentalmente de madurez de conciencia ecológica, que contenga las vertientes afectiva, cognitiva, disposicional y activa; tanto del sector académico, la sociedad civil, el empresarial y de gobierno. Una re-educación para la formación de profesionales asertivos capaces de tomar decisiones estratégicas en la creación, ejecución y redirección de Escenarios Futurables Estratégicos Sustentables (EFES) en cualquier área que tenga algún impacto sobre los BySA.

Al respecto de estas emergencias la ONU (2021), establece formar un equipo transdisciplinario de trabajo mundial de expertos para concretar un estudio prospectivo estratégico, en la identificación de factores de éxito portadores de futurables sustentables, enfocado en la toma de conciencia ecológica de las relaciones de eco-dependencia; aspecto fundamental y necesario para lograr alcanzar los Objetivos de Desarrollo Sostenible de la Agenda 2030.

Los graves signos y síntomas de las anomalías de deterioro de los bienes y servicios ambientales, que están vigente a nivel mundial, están referidos como consecuencia de las actividades antrópicas comunitarias, de producción y transformación de alimentos y producción de residuos urbanos e industriales haciendo que el capital ecológico se esté consumiendo a una velocidad de dos veces más rápida que la velocidad de su auto recuperación.

Basado en esta anomalía detectada como parte del impacto deteriorativo que está sufriendo el capital ecológico en Venezuela, esta investigación definió como Problema "El desarrollo sostenible dirigido a

la gestión de manera eficiente y equitativa del agua como recurso clave en el fortalecimiento y mantenimiento de los sistemas sociales, económicos así como la compleja problemática ambiental que vive nuestro planeta" y como Sujeto "La nueva visión y concienciación de los consumidores de una comunidad específica a fines de conocer y aceptar la implementación de estudios para reducir en un alto porcentaje el consumo de agua de la calle, mediante sistemas de reciclaje de aguas grises,".
Definiéndose como objetivo de la investigación.
"Diseñar un modelo educativo de concienciación ambiental para la gestión y revalorización de las aguas grises residenciales en la urbanización Villa Universitaria San Carlos-Cojedes, como aporte al área científica en nuestro país y de esta manera colaborar con la solución de los problemas de suministro del vital líquido."

Se prospectiva la obligatoria gestión y desarrollo de proyectos pro ambientales de aplicación real a soluciones de problemas ambientales vigentes. El escenario apuesta por una educación pro ambiental de la comunidad en cuanto a gestión estratégica y gobernabilidad pro ambiental

A tal efecto, el presente informe final de investigación se estructura en cinco (05) capítulos.

En el CAPÍTULO 1. El PROBLEMA, se plantea la problemática, describiendo su el estado del arte de los modelos operativos hipotéticos sobre la operacionalización del constructo "concienciación proambiental".

Se concreta la muestra poblacional, enunciándose y describiéndose las variables específicas a medir en las unidades funcionales (comunidad). Se enuncia la interrogante de investigación. Se describe la importancia de la investigación (conveniencia, alcance y proyección, beneficios socio comunitario, implicaciones prácticas, valor teórico y utilidad metodológica de los resultados) y finalmente se redacta el objetivo general y los objetivos específicos de de la investigación en curso.

En el CAPÍTULO 2, MARCO TEÓRICO, de antecedentes, bases teóricas y bases legales, se refieren investigaciones que apoyan y contribuyen con la hipótesis del modelo operativo estructural del constructo "concienciación pro ambiental". Consecutivamente se asientan fundamentos teóricos, que soportan los temas antecedentes de la investigación, de utilidad en la problemática planteada, obtenida de la revisión documental.

En el CAPÍTULO 3, MARCO METODOLÓGICO, se describen las metodologías, de investigación (estadísticas, matemáticas y de prospectivas); que permitieron obtener Datos requeridos para el estudio. La investigación bajo el paradigma positivista: enfoque cuantitativo y científico tecnológico, con la filosofía y praxis de la prospectiva estratégica simplificada de Godet y, según la finalidad y propósito de la investigación, es aplicada de tipo proyectiva. Seguidamente se describen las fases de la investigación.

El CAPÍTULO 4, ANÁLISIS Y DISCUSIÓN DE DATOS Y RESULTADOS, se describen los datos y resultados obtenidos con el muestreo aleatorio probabilístico de la variable "concienciación ambiental" y de los datos del proceso de muestreo prospectivo. Finalmente se presentan los resultados del análisis estadístico de los datos y, se presenta los resultados del análisis tecnológico de razonamiento inductivo de los distintos resultados en cada etapa de análisis.

El CAPÍTULO 5, CONCLUSIONES Y RECOMENDACIONES DE LA INVESTIGACIÓN, se realiza una aproximación teórica práctica holística de los resultados y se describen recomendaciones pertinentes a la solución del problema que genera la anomalía de estudio enfrentada por esta investigación.

El CAPÍTULO 6, PROPUESTA A LA RESOLUCIÓN DEL CONFLICTO INVESTIGADO, una propuesta de proyecto a desarrollar a futuro, con el fin último de explotar los resultados de la concienciación pro ambiental en la comunidad Villa Universitaria y la comunidad en general.

CAPÍTULO I EL PROBLEMA

1.1. Descripción Ampliada del Objeto de Estudio

Las investigaciones de la Organización de las Naciones Unidas para la Educación, la Ciencia y la Cultura (UNESCO, 2015a), permiten establecer que la Educación para el Desarrollo Sustentable (EDS), requiere realizarse bajo los siguientes criterios:

a. Basarse en los principios y valores subyacentes y tangibles al Desarrollo sustentable (DS), lo que requiere de una excelente concienciación ambiental sustentable;

b. Estudiar el bienestar de las tres dimensiones de la sostenibilidad (ambiente, sociedad, y economía);

c. Usar diversidad de técnicas pedagógicas que promueven el aprendizaje participativo y los pensamientos de alto orden;

d. Promover el aprendizaje de la EDS a lo largo de toda la vida;

e. Que sea relevante a nivel local y culturalmente apropiada y;

f. Basarse en las necesidades, percepciones y condiciones locales, pero reconocer que el satisfacer las necesidades locales en general tiene impactos y consecuencias internacionales es por ello que se deben abordar los asuntos locales e internacionales;

g. Aceptar la naturaleza en constante evolución del concepto de sostenibilidad y sustentabilidad;

h. Desarrollar la capacidad para tomar decisiones de comunidad, economía y gobierno, tener tolerancia social, realizar gestión de los servicios ambientales, forjar una fuerza laboral adaptable y desarrollar una buena calidad de vida;

i. Realizar la EDS en forma interdisciplinaria, multidisciplinaria y transdisciplinaria,

j. Realizar la EDS fundamentada en estrategias educativas prospectivas, ya que se requiere vigilar el futuro de la sociedad.

Es importante definir el objeto de estudio de manera que la investigación en todos sus aspectos esté orientada, bien definida, y no haya posibilidad de una interpretación distinta a la génesis de la idea inicial; es por ello que el objeto de estudio para la presente tesis doctoral es orientar en el área de sustentabilidad ambiental, mediante la concienciación en el tratamiento y reutilización del agua de desecho en edificaciones, con una visión del pensamiento complejo; se considera en esta investigación el conocimiento de la realidad dado por la participación de los elementos humanos involucrados; los cuales resultan ser heterogéneos mediante la existencia de puntos de vista o interpretaciones diferentes de la realidad, cuya percepción dependerá de cada individuo.

Una forma de acercarse a la comprensión de los alcances mediante la Educación Ambiental, es a través de la revisión de sus objetivos, de manera esquemática:

-Conciencia: Promover y sensibilizar en los grupos sociales acerca de la compleja situación ambiental.

-Conocimiento: Promover el aprendizaje sobre el medio ambiente, sus problemas y la forma de diseñar soluciones. Valores y Promover el desarrollo de valores que comprometan Actitudes la adquisición de actitudes positivas hacia el entorno y la sociedad.

-Destrezas: Promover la adquisición de aptitudes necesarias para prevenir y diseñar soluciones a los problemas ambientales.

-Participación: Incentivar la participación de la comunidad en todo el proceso de la gestión ambiental.

Apoyados en la descripción anterior, y basados en la inminente escasez de agua debido al indiscriminado consumo de este recurso en todo el mundo, se está llevando a la evaluación del conocimiento y el aprendizaje de la población como alternativas de sustentabilidad en la aplicación de sistemas de reciclaje de aguas grises con bajos niveles de contaminantes, y sistemas de filtración y digestión microbiana adecuada para proporcionar agua para usos secundarios en una edificación.

En la Cátedra UNESCO de Educación Ambiental y Desarrollo Sustentable (UNESCO, 2015b), se muestra que la educación ecológica fundamentada en una concienciación ambiental sustentable (CAS) de hoy en día es crucial para que los líderes y ciudadanos del futuro desarrollen la capacidad y habilidad de encontrar soluciones y crear nuevos senderos hacia un futuro mejor; mediante una actitud y conducta ecológica; por ello, la educación para el Desarrollo Sustentable Futuro (DSF) debe fundamentarse en planes educativos ambientales, que sean estratégicos y prospectivos deseables sustentables.

Fundamentado en los planteamientos de la problemática ambiental y la necesidad de investigaciones de estrategias prospectivas de la EDS, detectados en la revisión histórica documental, esta investigación, se apoya en la concienciación ambiental para el desarrollo sustentable, variable constructo que para esta investigación propicia diseñar un modelo prospectivo de gestión estratégica de concienciación ambiental para el tratamiento y reutilización de aguas grises en una edificación como modelo de sustentabilidad del recurso agua, del cual ya se vislumbran problemas de escasez.

1.2. Formulación del Problema

El agua es un recurso limitado e insustituible que solo funciona como recurso renovable si está bien gestionado, según Foro Político de Alto Nivel sobre el Desarrollo Sostenible de las Naciones Unidas (2013); más de 1.700 millones de personas se surten de cuencas fluviales que superan su oferta natural, considerando que dos tercios de esta población podrían vivir con escasez de agua antes del 2030. Una temprana advertencia que plantea un serio desafío para el desarrollo sostenible dirigido a la gestión de manera eficiente y equitativa del agua como recurso clave en el fortalecimiento y mantenimiento de los sistemas sociales, económicos y ambientales así como la compleja problemática ambiental que vive nuestro planeta; surge entonces un compromiso global dirigido hacia la modificación del conocimiento y por ende de ciertos comportamientos y hábitos para cambiar la visión y la concienciación como consumidores a fines de reducir la demanda natural del recurso agua en las edificaciones, sin menoscabo del cumplimiento de las funciones sanitarias básicas en el quehacer diario, tal como lo expresa Novo (2012).

Debido al posible colapso planteado con anterioridad en la disponibilidad de agua potable, producto del inadecuado consumo presentando en los últimos años, se han venido implementando estudios para reducir en un alto porcentaje el consumo de agua de la calle, mediante sistemas de reciclaje de aguas grises, por ejemplo.

Nuestro país no se queda atrás ante los problemas de desabastecimiento y la necesidad de planteamiento de soluciones tempranas para prevenir la crisis producto del uso irracional del agua, con la necesidad de incorporar proyectos de tipologías edificatorias sustentables, y velar por su fomento y cumplimiento, como un proceso de atención preventiva a los problemas del agua que se están presentando.

La gestión en la recuperación de aguas residuales se puede utilizar como una posible herramienta para combatir la disminución de la calidad y la escasez de este recurso, estos son considerados como grandes problemas de nuestro tiempo producto del dramático aumento de la población mundial que se estima que alcanzará los 9.000 millones para 2050. El aumento de la preocupación por estos temas obliga tanto a los académicos y al sector público a encontrar recursos alternativos que podrían aliviar la escasez de agua y el deterioro de su calidad.

La separación de las aguas residuales domésticas posteriormente recicladas y reutilizadas ayuda a eliminar importantes elementos contaminantes presentes en las mismas, se denominan aguas grises y consisten en la corriente que resultaría de la separación independiente de las aguas residuales domésticas ya sea en dos o tres fuentes o componentes. Contendría todo excepto las aguas residuales del inodoro, aguas grises consistirá en aguas residuales de diferentes fuentes funcionales en los hogares tales como bañeras, duchas, lavamanos, lavaderos, fregaderos y lavadoras.

Las aguas grises constituyen el 75% que cubre normalmente toda la demanda de agua de descarga sin contar el 25% que representa el inodoro de baño, Contiene menor cantidad de contaminantes, 3% de nitrógeno, 10% fósforo y alrededor de 40% materia orgánica en aguas residuales domésticas convencionales; la regeneración y reutilización de esta fuente alternativa renovable presenta un beneficio evidente.

El reciclaje de aguas grises puede ayudar a mitigar el aumento de la demanda de agua proveniente de los recursos naturales. A pesar de que diferentes tipos de aguas grises pueden mostrar una variabilidad en términos de su constitución, la reutilización no potable de aguas grises ha sido comúnmente reconocido para varios usos finales como el inodoro descarga de agua reduciendo el consumo desde un 25%, también se propone a nivel urbano usos municipales como extinción de incendios y calles limpieza, paisajismo, riego, etc. en varios lugares del mundo.

Aunque el tratamiento de aguas grises para su reutilización como una fuente alternativa de agua, es técnicamente posible, la opinión pública positiva y la aceptación por parte de los consumidores es uno de los elementos clave en el éxito para la práctica a gran escala; además, se requiere opinión, aceptación y claridad en formar una información sólida sobre el tema.

El agua y su gestión.

Los artículos dedicados a encuestas de aceptación pública que se centran en la recuperación y reutilización de aguas residuales se han llevado a cabo principalmente para evaluar la opinión respecto a la reutilización de aguas residuales convencionales, por lo que exaltan en su mayoría aspectos técnicos e incluso económicos sobre la recuperación y reutilización de aguas grises pero no existen suficientes investigaciones y artículos dedicados a la opinión pública del tema.

Este trabajo se lleva a cabo para investigar la conciencia y actitud del público hacia la gestión de las aguas grises para diversos usos finales con énfasis específico en el impacto del suministro de información al momento de la aceptación. Se informarán los resultados de la encuesta realizada en la Urbanización Villa Universitaria de San Carlos estado Cojedes, centrándose en el conocimiento conciencia actual y la voluntad de participantes a usar aguas grises recuperadas junto con cambios en su percepción y nivel de aceptación después de ser informado sobre el tema.

Precisada la problemática de estudio para su formulación estratégica, la investigación se plantea responder las siguientes interrogantes, referida a la formación de concienciación ambiental de la comunidad dirigida a la gestión del sistema de reciclaje de aguas grises como modelo:

¿Cuál es el grado de concienciación ambiental y conocimiento del sistema de gestión y revalorización de aguas grises en la comunidad de Villa Universitaria en San Carlos, Cojedes?

¿Cuál es el índice estimado de aceptación del sistema de gestión en la revalorización de las aguas grises en la comunidad de Villa Universitaria de San Carlos, Cojedes?

¿Qué modelo se debe diseñar para potenciar la concienciación ambiental y la aplicación de criterios de sustentabilidad para reducir exponencialmente el consumo de agua mediante un sistema de reciclaje de aguas grises en las viviendas de la urbanización Villa Universitaria de San Carlos, Cojedes?

1.3. Importancia de la Investigación

Como fue expresado con anterioridad los fines de la Educación Ambiental, se orientan hacia la formación de una población capaz de auto gestionar su entorno, sirviendo de plataforma a la solución de los problemas tales como uso y suministro del agua que se han venido presentando en los últimos años; al respecto muchos autores mayormente internacionales han venido implementando estudios al respecto.

En base a las necesidades descritas, esta investigación se plantea evaluar la concienciación, conocimiento y aceptación para una gestión estratégica interpretativa prospectiva de concienciación ambiental, en la formación sustentable de la comunidad mediante la implantación de un sistema que potencie la CAS en la sociedad; aspecto que se aprovecha si se cuenta con una cultura de concienciación ambiental adecuada para obtener mayor provecho en un uso más eficiente y amigable del agua mediante la separación y reutilización de aguas grises.

1.4. OBJETIVOS DE LA INVESTIGACIÓN

1.4.1. Objetivo general

Diseñar un modelo educativo de concienciación ambiental para la gestión y revalorización de las aguas grises residenciales en la urbanización Villa Universitaria San Carlos-Cojedes.

1.4.1.2. Objetivos específicos

1.- Determinar el grado de concienciación ambiental para la gestión y revalorización de las aguas grises residenciales en la comunidad Villa Universitaria San Carlos-Cojedes.

2.- Modelar estadísticamente el constructo subyacente "concienciación ambiental" referido a la gestión de revalorización de las aguas grises residenciales en la comunidad Villa Universitaria San Carlos-Cojedes.

3.- Crear índices de valoración de "concienciación ambiental" de gestión de revalorización de las aguas grises residenciales en la comunidad Villa Universitaria San Carlos-Cojedes

4.- Diseñar un modelo operativo de gestión de revalorización de las aguas grises residenciales en la comunidad Villa Universitaria San Carlos-Cojedes y la comunidad en general.

CAPÍTULO II MARCO TEÓRICO

2.1. Antecedentes de la Investigación

Los antecedentes de investigación que se reflejan, muestran criterios y perspectivas relacionados con la investigación, de forma directa e indirecta, es así como se logró tener un fundamento teórico referencial en la investigación. Al reseñar la revisión bibliográfica al marco teórico, Hernández, et al (2010) y UCC (2020), muestran que, siempre es de vital importancia investigar en el pasado para comprender mejor el presente y poder direccionar y avanzar hacia lo prospectivo, pues la consideración de que los acontecimientos a lo largo del tiempo son influenciados por acontecimientos históricos, permite concretar la experiencia de la acción y la planificación de actos; abordando la construcción de escenarios posibles deseables y sustentables a través de un ejercicio colaborativo de análisis del presente para imaginar el futuro.

De esta forma, sobre la base de lo dicho anteriormente se procedió a argumentar y revisar algunos antecedentes que tienen relación directa con el objeto de estudio, en el ámbito internacional, nacional y local.

2.1.1. *Referentes en el ámbito internacional*

Carbajal, et al. (2020), en su proyecto de investigación doctoral denominado **"Identidad ambiental, actitud y comportamiento de conservación de agua en una comunidad alto-andina del Perú"**; abordan conductas sustentables enfocadas en la conservación del agua desde un abordaje psicológico, social y ambiental, la población de estudio la conforman los habitantes de una comunidad campesina de los andes del Perú, donde un 50.7% (n=107) eran mujeres y el 49.3% varones (n=104); se aplicó la escala de identidad ambiental desarrollada por Clayton (2003), agrupa 24 ítems y tiene siete opciones de respuesta.

El objetivo general fue estudiar el comportamiento y actitudes de conservación de agua de la comunidad, y su relación con la identidad ambiental, y los objetivos específicos fueron planteados de la siguiente manera:

a) Evaluar la actitud de la comunidad hacia el ahorro del recurso agua.
b) Evaluar el comportamiento de la comunidad hacia la conservación de agua.

Los resultados revelaron que las dimensiones de la identidad ambiental muestran correlaciones significativas positivas con la actitud, en tanto el comportamiento presenta correlaciones significativas con la autoidentificación, que indican que la identidad ambiental mantiene una relación sobre la actitud de conservación del agua. Se encuentra similitud con la presente investigación en cuanto al tema de actitud, comportamiento y la metodología utilizada, los niveles de identidad ambiental en el análisis descriptivo presentan similitud con los factores a estudiar en el constructo concienciación ambiental.

Por su parte, Gharehdaghy et al. (2016) en su proyecto de tesis doctoral titulado: **"Aceptación pública de la reutilización de aguas grises en los Países Bajos; barreras y motivaciones";** combinan los métodos cualitativo y cuantitativo para realizar las consultas de investigación, las encuestas cerradas fueron aplicadas en cinco vecindarios de Holanda para así obtener una clara perspectiva de la aceptación social de las aguas grises a nivel de sistemas comunales, no a nivel de propietarios de viviendas.

Plantean como objetivo general acceder a la posibilidad de usar el reuso de aguas grises en el área urbana de Holanda, y como objetivos específicos:

a) Estudiar y encontrar el apoyo del uso de aguas grises en sectores urbanos tales como jardines y excusados públicos.

b) Comprender los factores que afectan la aceptación pública de aguas grises y determinar el o los más importantes.

c) Determinar las barreras que impiden la aceptación pública de las aguas grises y sugerir posibles vías de solución.

Concluyen que hay una distinción entre los eco-vecindarios y los vecindarios ordinarios, estos últimos suponen que existen riesgos de salud, por lo cual solo están de acuerdo en irrigación de campos o cultivos, hay poca disposición en cuanto a costo y creencia en las autoridades dedicadas al caso, por lo cual la comunidad en general no muestra interés en el tema referido en la investigación; es importante indicar que esta investigación trasciende en el tiempo y presenta similitud con la presente investigación en cuanto a la posibilidad de aceptación del reuso de aguas grises, se puede ver que la comunidad también requiere de un plan de educación ambiental para mejorar su concienciación respecto al tema de estudio.

De igual manera, Taher, et al. (2019), en su proyecto de investigación titulado: **" Actitud de la comunidad acerca de la aceptación de la reutilización de aguas grises en Estambul y el impacto de informar a los consumidores potenciales"**, llevan a cabo una encuesta preliminar de 30 preguntas en Estambul, Turquía con 227 participantes en un cara a cara base para poder suministrar información y responder directamente a las preguntas que puedan plantear, la encuesta fue dirigida a evaluar la opinión y la evaluación basada principalmente en conteos y porcentajes y de posibles elecciones, evaluando los cambios basados en la diferencia entre los recuentos de opciones seleccionadas como se indica en la primera (antes) y la segunda vuelta (después); preguntaron a los participantes su opinión sobre separación y reutilización de aguas grises centrándose en el uso de dos corrientes de suministro de agua simultáneas (potable y agua no potable), posibles beneficios de la reutilización de aguas grises, y su impacto sobre el medio ambiente y los recursos hídricos, antes y después de compartir información.

Su objetivo general se concentró en estudiar el impacto del suministro de información sobre la aceptación del uso de aguas grises tratadas en aplicaciones domiciliarias, por su parte los objetivos específicos:

a) Evaluar la actitud de los participantes sobre los usos finales de las aguas grises antes de serle suministrada información.
b) Evaluar los cambios de actitud de los participantes sobre los usos finales de las aguas grises tras el suministro de información.

Como resultado concluyeron que las aguas grises son una fuente de agua renovable y confiable y debe utilizarse como alternativa para la sostenibilidad del recurso; sin embargo, una implementación exitosa requiere aceptación y una opinión pública positiva; en esta encuesta que se llevó a cabo en Estambul se pudo observar que la conciencia sobre las aguas grises y su reutilización fue limitada y aporta información para sensibilizar sobre el tema, lo cual ayudó considerablemente en la mejora de la opinión pública. Esta investigación coincide 100% con la investigación en curso y la aceptación de la reutilización de aguas grises como una opción viable y sostenible para el futuro, especialmente para las regiones del mundo con estrés/escasez de agua; sin embargo, aún no es ampliamente reconocido y la sensibilización será un factor crítico para su generalización y aceptación.

Otra investigación a la que hay que hacer referencia, es el proyecto de investigación elaborado por Meléndez et al. (2018) denominado **"Reutilización de aguas grises domésticas para el uso eficiente del recurso hídrico: aceptación social y análisis financiero. Un caso en Portugal"**; la alternativa fue construida a partir de la consulta a potenciales usuarios del sistema. Una vez diseñada la alternativa, se determinaron sus costos y analizaron indicadores financieros de su implementación. Este tipo de estudios provee información sobre la planeación y factibilidad financiera que deben realizarse para la implementación de sistemas alternativos de suministro de agua con visión de sostenibilidad.

Se aplicó una encuesta para determinar la aceptación social del reuso de AG, el consumo medio de agua potable por habitante y la preferencia de opciones oferta y demanda para el reuso de AG, el instrumento fue enviado a la comunidad de la Universidade do Minho a través del correo electrónico institucional, debido a la dificultad de realizar las encuestas personalmente en viviendas con características socioeconómicas similares a las del proyecto. Se recibieron un total de 78 respuestas. En la encuesta se incluyeron preguntas de información personal para verificar la heterogeneidad de la muestra, Como objetivo general califica la preferencia de la comunidad en estudio del origen del AG que recibiría un tratamiento posterior. y como objetivos específicos:

a) Calcular la demanda y oferta a partir de la distribución del consumo de agua a nivel doméstico, la dotación neta por habitante y el número de residentes según la tipología de los apartamentos.
b) Implantar un sistema comercial con una capacidad de acuerdo a la oferta y demanda, compuesto por tratamiento preliminar (desbaste), ultrafiltración, desinfección y posterior almacenamiento.

De acuerdo con los resultados obtenidos en la investigación concluyen que la implementación de un sistema de reutilización de AG en el caso de estudio es financieramente viable desde que la tasa de inflación de los servicios se mantenga por encima de 2,87 %, esto es posible teniendo en cuenta la escasez de recursos hídricos y energéticos al que se enfrenta el mundo. Nuevamente se manifiesta concordancia con la aceptación y análisis financiero del sistema de reutilización de AG y los beneficios sociales significativos que representa, entre los que están: disminución en el consumo de agua del usuario individual y reducción de los costos del agua debido a la menor necesidad de búsqueda de nuevas fuentes de agua y la reducción en los costos de producción, tratamiento y transporte del agua, tal como se plantea en la presente investigación.

Muy importante la investigación de Jiménez y Lafuente (2014). denominada" **La operacionalización del concepto de conciencia ambiental en las encuestas. La experiencia del Ecobarómetro andaluz",** en la cual manifiestan el uso de encuestas para medir la conciencia ambiental de los ciudadanos aun cuando mantienen el referente ambiental en un nivel elevado de generalidad y prestan poca atención a la medición de los comportamientos proambientales, así como los motivos que los explican. El Ecobarómetro es un instrumento que analiza la percepción, el comportamiento y la actitud de la ciudadanía en materia de medio ambiente y su evolución a lo largo del tiempo en Andalucía; esta publicación se elabora por la Red de Información Ambiental de Andalucía desde 2001, y con una periodicidad variable. Se trata de un concepto multidimensional en el que, desde una perspectiva analítica, se pueden distinguir cuatro dimensiones: afectiva, cognitiva, disposicional y activa.

Respecto al grado de conocimiento de diversas problemáticas ambientales han realizado análisis de componentes principales categóricos de los factores para cada una de las dimensiones midiendo un índice a partir del grado de acierto sobre la veracidad o falsedad del índice, se adopta entonces la escala de 0 a 5, donde la puntuación 0 indica que el encuestado no ha participado en ninguna acción colectiva y la puntuación 5 que realiza todas y de forma habitual. En el caso del conocimiento de la Consejería de Medio Ambiente han creado un nuevo indicador con sólo dos valores, distinguiendo los aciertos en una categoría y en la segunda el resto de respuestas.

El objetivo de este trabajo es comprobar la fiabilidad de la operacionalización del concepto de conciencia ambiental que subyace a su diseño y trata de comprobar en qué medida los indicadores y escalas utilizados en el Ecobarómetro de Andalucía, para medir las distintas dimensiones con las que, de partida, definen el concepto de conciencia ambiental; son fiables, utilizan los datos como resultado de las comprobaciones realizadas para cada una de las dimensiones que integran el concepto de conciencia ambiental y permiten precisar cuántas facetas se pueden distinguir en cada una de estas dimensiones, así como las características a las que hacen referencia en función de los indicadores que se agrupan en cada una de ellas.

El contraste de estos resultados con la definición del concepto de conciencia ambiental del que parten, contribuye a mejorar la interpretación de sus dimensiones y a afinar su medición mediante indicadores. Esta investigación, aunque trasciende en el tiempo y pese a las limitaciones que a menudo presentan las encuestas sobre medio ambiente, intenta un análisis serio de la conciencia ambiental con los datos disponibles; desde una perspectiva analítica, se pueden distinguir las cuatro dimensiones: afectiva, cognitiva, disposicional y activa, utilizando los resultados del Ecobarómetro de Andalucía (EBA),

2.1.2. *Referentes en el ámbito nacional*

Se hace referencia a Camacho, (2018), y su proyecto doctoral **"La educación ambiental: perspectiva histórica de la colonialidad del conocimiento para definir y caracterizar la identidad nacional y la cultura latinoamericana"** elaborado en Mérida Venezuela, que conceptualiza la Educación Ambiental (EA), partiendo de la propuesta planteada por el Congreso Internacional de Educación y Formación sobre Medio Ambiente, realizado en Moscú, durante el año 1987, como un proceso permanente en el que los individuos y las comunidades adquieren conciencia de su medio y aprenden los conocimientos, valores, destrezas y experiencias para actuar individual y colectivamente en la resolución de los problemas ambientales presentes y futuros. (Libro Blanco de la Educación Ambiental en España, 1999).

Para la realización de este trabajo se procedió a la revisión de la muestra consistente en documentos elementales sobre Educación

Ambiental; trabajos de investigación; fundamentación legal y referencias electrónicas. El objetivo general de este trabajo es interpretar algunos documentos existentes para dar respuesta sobre su posible origen y su influencia en la consolidación de las culturas latinoamericanas, su importancia radica en el aporte de conocimientos sobre educación conservacionista, hoy educación ambiental, que se ha generado desde la colonia hasta la presente fecha en Venezuela.

El investigador concluye que la educación ambiental en Venezuela, legalmente tiene sus inicios con la creación de la Ley Orgánica del Ambiente (1976) y el Ministerio del Ambiente y los Recursos Naturales Renovables (MARNR), finalmente, se ha querido demostrar que la educación ambiental es un instrumento que permite definir y caracterizar la identidad nacional y la cultura latinoamericana. Se puede observar que la concienciación ambiental venezolana se viene manejando a través del tiempo en términos de tradición legal, por lo tanto, se tienen las puertas abiertas para el estudio e interpretación de compatibilidad con los factores estudiados en la presente investigación en términos de concienciación ambiental.

2.1.3. *Referentes en el ámbito local*

Pérez, Y. (2021) en su tesis doctoral denominada **"Modelo prospectivo de gestión estratégica de concienciación ambiental para el desarrollo sustentable"** sustenta la filosofía y praxis de la prospectiva estratégica simplificada de Godet (2.004), La investigación se fundamenta en una revisión bibliográfica, en base de datos de repositorios de institutos de investigación y de educación superior, la web y deep web; además del reconocimiento de campo, obtiene datos con encuesta, a actores, expertos y estudiantes; la población de estudio fueron 130 docentes (población muestral) y 1441 Estudiantes (muestra poblacional aleatoria, calculada con una muestra piloto) de las carreras de ingeniería de la UNELLEZ-VIPI-SC.

Como objetivo general plantea el diseño de un modelo prospectivo de gestión estratégica de concienciación ambiental para el desarrollo sustentable en las carreras de ingeniería, de la Universidad Nacional Experimental de los Llanos Occidentales Ezequiel Zamora, Vicerrectorado de Infraestructura y Procesos Industriales, en San Carlos-Cojedes (UNELLEZ-VIPI-SC, y como objetivos específicos:

a) Diagnosticar el grado de concienciación ambiental existente de los estudiantes y docentes de las carreras de Ingeniería de la UNELLEZ-VIPI, COJEDES-VENEZUELA.

b) Construir un índice estimativo de la variable formación de concienciación pro ambiental de las carreras de ingeniería de la UNELLEZ-VIPI, COJEDES-VENEZUELA.

Su prospectiva concluye que el desarrollo Conciencia Proambiental Institucional (CPI); para la UNELLEZ- VIPI San Carlos Cojedes debe estar sustentado en acciones estratégicas inteligentes que promuevan la articulación con el entorno social. Esta investigación al igual que Jiménez y Lafuente (2014) estudia los conceptos multidimensionales en los que, desde una perspectiva analítica, se operacionaliza el constructo concienciación ambiental distinguiendo las cuatro dimensiones: afectiva, cognitiva, disposicional y activa, objeto del presente proyecto de estudio.

2.2. Bases Teóricas Conceptuales.

2.2.1. *Educación ambiental*

El tópico Educación Ambiental (EA) hoy en día es conocido y trabajado en muchos ámbitos, pero realmente no se ha enfrentado adecuadamente, solo se practican aspectos filosóficos, pero no su aplicación real de su verdadero significado y, mucho menos adaptado a las necesidades psicológicas-sociológicas-antropológicas (HREDS2030-GE, 2021; Costa,

2021). Para comprender qué es EA, los autores explican que es conveniente explicar lo que no es. La EA no es un campo de estudio, como la biología, química, ecología o física. Es un proceso. Que para muchos se les habla o escribe sobre cómo enseñar EA. Esto no es posible.

Se puede enseñar conceptos de EA, pero ensenar EA es distinto; es como la dicotomía incongruente entre lo que se opina y lo que se hace (opinión-conducta). La falta de consenso sobre lo que es EA puede ser una razón de tales interpretaciones erróneas. Por ejemplo, con frecuencia educación al aire libre, educación para la conservación y estudio de la naturaleza son todos considerados como EA, educación de reciclaje de usar envases plásticos para materos, Por otro lado, parte del problema se debe también a que el mismo término educación ambiental es un nombre no del todo apropiado. Igualmente, el término conciencia ambiental, que se quiere inducir en EA tampoco es comprendido, explicado ni enseñando bajo sus dimensiones.

En otras palabras, la EA es educación sobre cómo continuar el desarrollo al mismo tiempo que se protege, preserva y conserva los sistemas de soporte vital del planeta.

En términos generales se puede decir que los fines de la Educación Ambiental, se orientan hacia la formación de una población capaz de auto gestionar su entorno, así como también de desarrollar las capacidades individuales y colectivas para establecer una nueva relación entre la humanidad y el medio ambiente; consecuentemente, la práctica de ésta debe involucrar aspectos que transcienden el empirismo, lo cognitivo y lo informativo.

Se hace referencia entonces a la acción transformadora de la investigación, correspondiendo con la realidad dinámica, que permite el intercambio entre saberes y el saber de lo cotidiano, lo que hace de la realidad una estructura cambiante.

Esto implica nuevos enfoques para develar la sociedad cambiante, por ello, lo transcomplejo establece una ruptura, con los viejos lenguajes investigativos que dan paso a un proceso de construcción y reconstrucción, que desde lo multidimensional e integración de saberes conduce a un lenguaje transcomplejo.

En atención al tema a desarrollar se hace referencia a lo planteado en la Asamblea General de las Naciones Unidas que proclamó el año 2003 Año Internacional del Agua Dulce en su resolución 55/196. La Resolución hizo un llamamiento a los gobiernos de los diferentes países, a las organizaciones nacionales e internacionales, al sector privado, así como al sistema de las Naciones Unidas y a los diferentes actores para que sacasen el mayor partido de ese año contribuyendo a mejorar la toma de conciencia de la importancia de un uso sostenible, de la gestión y de la protección del agua dulce, para que éstos ofrecieran su contribución voluntaria y propongan su manera de respaldar este evento.

Jiménez y Lafuente (2014), La definen como el sistema de vivencias, conocimientos y experiencias que el individuo utiliza activamente en su relación con el ambiente. Se trata de un concepto multidimensional, en el que han de identificarse varios indicadores.

Educación ambiental sustentable (EAS) para una concienciación ambiental sustentable (CAS) en todos sus niveles, es el medio de cambio y desarrollo sustentable de la sociedad, con ello los seres humanos se forman y se transforman tanto a sí mismos, como al medio social y natural que los rodea, haciendo su vida, más cómoda y duradera. Por ello uno de los objetivos prioritarios de un país es la educación sostenible y sustentable de sus habitantes. Los constantes avances y la aparición de nuevas tecnologías han dado un impulso a la creación de nuevas ideologías científicas, tecnológicas y sociales, provocando un cambio radical a las actividades económicas, dando paso a lo que se conoce como Desarrollo Sostenible sin descuidar el Desarrollo Endógeno; un desarrollo social con un sistema multicapitalista de economía circular-multiR.

2.2.2. *Gestión ambiental*

Es el manejo participativo de los elementos y problemas ambientales de una región o comunidad determinada, por parte de los diversos actores sociales, mediante el uso selectivo y combinado de herramientas jurídicas, de planeación técnicas, económicas, financieras y administrativas. Todo de forma que se le de sustentabilidad al desarrollo humano, creando el multicapital sustentable (capital ecológico [bienes y servicios ambientales], capital social empresarial [activos tangibles] y capital social intangible [capital humano]). También se puede decir que es un proceso que está orientado a resolver, mitigar y/o prevenir los problemas de carácter ambiental, con el propósito de lograr un desarrollo sostenible, entendido éste como aquel que le permite al humano el desenvolvimiento de sus potencialidades, su patrimonio biofísico y cultural, garantizando su permanencia en el tiempo y en el espacio. En tal sentido, entonces se puede decir que la GA consiste en el control o manipulación de los aspectos que propician una problemática ambiental, con la finalidad de prevenir, corregir los daños ocasionados al ambiente, para así lograr la subsistencia de la humanidad.

2.2.3. *Sensibilidad socioambiental*

Al comprender que los problemas del ambiente están relacionados con las actividades antrópicas del humano, este debe sentirlos como propios aun cuando no le afecten directamente. Al respecto la UNESCO (1976), manifestó que el contenido de los programas ambientales debe tener como principal objetivo sensibilizar al público por los problemas del ambiente en general, esto implica que los problemas del ambiente no se pueden prevenir ni solucionar a través de acciones legales y técnicas, por tanto, se requiere la sensibilización de la población sobre las implicaciones de los problemas ambientales. Pero no se puede lograr una sensibilización sin una educación generadora de conocimiento y de habilidades adecuadas tanto en lo individual como en el colectivo, que permitan solventar o minimizar los problemas ambientales, además prevenir que se presenten nuevos problemas del ambiente como resultado de los cambios sociales.

A su vez debe propiciar mejorar la relación sociedad y su entorno. En este sentido, la sensibilidad sólo de alcanza cuando se conoce la realidad, cuando se palpa, cuando se evidencia, pero en algunos casos no es fácil percibir la problemática directamente, como lo es el deterioro de la calidad de vida. Para resolver esta se debe aplicar alternativas como lo es el multimedia en otras palabras las TIC's, las cuales permiten compensar la falta de contacto directo con la presentación de fotos, vídeos y actividades interactivas. Así mismo el desarrollo de la sensibilidad ambiental está estrechamente relacionado con: las experiencias, los conocimientos, los juicios de valor, el interés personal, el sentido del deber, la noción de justicia, equidad y sentido estético, sin este aspecto no es posible desarrollar la sensibilidad del individuo.

2.2.4. *Habilidades ambientalmente sensibles*

La sensibilidad ambiental no es un estado fijo, sino que varían según la personalidad y el entorno que rodee al individuo. Pero para alcanzar tal nivel de conciencia se requiere de características y capacidades, tanto del individuo, como de las instituciones educativas, las cuales conforman una herramienta para lograr tal fin. La tabla 1, presenta las habilidades que debe tener una persona ambientalmente sensible y las cuales pueden favorecer, no sólo las condiciones ambientales, sino también contribuir con un proceso de aprendizaje comprometido con un desarrollo sustentable.

2.2.5. *Concienciación ambiental*

La investigación más pertinente al respecto a la sistematización del constructo "conciencia ambiental sustentable" la refiere Jiménez y Lafuente (2014), la definen como el sistema de vivencias, conocimientos y experiencias que el individuo utiliza activamente en su relación con los bienes y servicios ambientales, con la sustentabilidad de estos. Se trata de un concepto multidimensional, en el que han de identificarse múltiples variables indicadoras. La investigación es oportuna debido a que la definición de conciencia ambiental es multidimensional y orientada a la conducta; y propone un método para su operacionalización que permite elaborar medidas sintéticas de este fenómeno en distintos contextos sociales.

Tonello y Valladares, (2015), exponen que para que un individuo adquiera un compromiso con el desarrollo sostenible tal que integre la variable ambiental como valor en su toma de decisiones diaria es necesario que éste alcance un grado adecuado de conciencia ambiental a partir de unos niveles mínimos en sus dimensiones cognitiva, afectiva, activa y conativa. Estos niveles multidimensionales actúan de forma sinérgica y dependen del ámbito geográfico, social, económico, cultural o educativo en el cual el individuo se posiciona.

2.2.6. *Sistematización de la variable concienciación ambiental*

Para Gomera et al, la medición y categorización de la conciencia ambiental (CA), se puede sistematizar en múltiples factores (dimensiones), que deben medirse en el ámbito a saber, cognitivo, afectivo, conativo y activo. La investigación validada en una muestra de 1.082 estudiantes, a través de indicadores que describen cada dimensión de la CA, utilizando análisis multivariado.

Por su parte, Jiménez y Lafuente (2014), validan los hallazgos de Gomera et al (ob.cit), utilizando una muestra mayor y aplicando análisis multivariado y ecuaciones estructurales, concluyendo que, efectivamente hay cuatro dimensiones (Variables Factor) que con sus variables indicadoras, sistematizan la variable subyacente "Concienciación Ambiental", en las dimensiones tripartita Persona-Sociedad-Ambiente: 1. Afectiva, 2. Cognitiva, 3. Disposicional y 4.Activa.

1. Afectiva, los sentimientos de preocupación por el estado del ambiente y el grado de adhesión a valores culturales favorables a la protección de los bienes y servicios ambientales. Distinguiéndose dos facetas: La sensibilidad ambiental o receptividad hacia las anomalías ambientales (que incluiría cuestiones como el interés por la "cuestión ambiental") y la percepción de su gravedad.

2. Cognitiva, se refiere al grado de datos, información y conocimiento (DIC) acerca de las problemáticas ambientales, así como de los organismos responsables en materia ambiental y de sus actuaciones. Para efectos de esta tesis en curso, se incluyen conocimientos sobre constitución, integralidad y funcionamiento de ecosistemas suelo-agua-aire-biodiversidad); así como DIC para la creación de BySA.

3. Disposicional, es la disposición a actuar personalmente con criterios ecológicos y a aceptar los costos y gastos personales asociados a intervenciones gubernamentales en materia ambiental.

4. Activa, esta dimensión activa o dimensión conductual, abarca tanto la faceta individual (comportamientos ambientales de carácter privado, como el consumo ecológico, el ahorro de energía, el reciclado de residuos domésticos, entre otros) como la colectiva (conductas, generalmente públicas o simbólicas, de expresión de apoyo a la protección ambiental, como la colaboración con colectivos que reivindican la defensa del medio ambiente, la realización de donativos, la participación en manifestaciones, entre otras.)

Los autores fundamentan y validan la sistematización teórica propuesta y recomiendan adaptar cada indicador de cada dimensión (factor) a la realidad objetiva en tiempo real de la bioregión y grupo etario en estudio, e inclusive adaptar los ítems reactivos al nivel educativo.

2.2.7. *Aguas grises*

Sistemas domestico de reciclaje de aguas grises:

Las aguas grises son aguas con menos grado de contaminantes que las aguas negras, estas aguas pueden ser recicladas para ser reutilizadas en otras actividades que no requieren el uso de agua potable, pero hasta hoy la evacuación de las aguas grises se realiza de forma unitaria con las aguas negras.

Es posible ahorrar miles de litros de agua potable al año mediante el tratamiento de aguas grises, utilizando sistemas de recolección que conduzcan estas aguas a estanques donde se pueda realizar un tratamiento ligero para eliminar la mayoría de los agentes contaminantes de origen químico y luego ser reutilizados en otras actividades que no requieran el uso de aguas potable.

Aproximadamente el 90% de las aguas potables utilizadas en una edificación son enviadas a los sistemas cloacales, de ese porcentaje se generan tres porcentajes de aguas:

- 40% Se convierte en aguas negras, provenientes del W.C

- 50% Provenientes de otras piezas sanitarias.

- 10% Aguas que no son integradas al sistema de cloacas.

Además de estos porcentajes de aguas podemos dividir el consumo por pieza sanitaria, y así tener un estimado del gasto que genera cada una de las piezas y con esto determinar qué sistema de reciclaje es más viable.

2.3. Bases legales

Al respecto, Camacho 2018 (ob.cit.) afirma que la educación ambiental en Venezuela, legalmente tiene sus inicios con la creación de la Ley Orgánica del Ambiente (1976) y el Ministerio del Ambiente y los Recursos Naturales Renovables (MARNR); la presente investigación se sustenta bajo la siguiente fundamentación legal que establece un conjunto de normativas que guardan relación con la gestión ambiental, siendo del tenor siguiente:

Artículo 15: "El Estado tiene la obligación de establecer una política integral… preservando la diversidad y el ambiente".

Artículo 83: La salud es un derecho social fundamental, obligación del Estado, que lo garantizará como parte del derecho a la vida.

Artículo 127: "… El estado protegerá al ambiente, la diversidad biológica, los recursos genéticos, los procesos ecológicos, los parques nacionales y monumentos naturales y además áreas de especial importancia ecológica… Es una obligación del Estado, con la activa participación de la sociedad, garantizar que la población se desenvuelva en un ambiente libre de contaminación, en donde el aire, el agua, los suelos, las costas, el clima, la capa de ozono, las especies vivas, sean especialmente protegidas de conformidad con la ley".

Artículo 156: Es competencia del Poder Público Nacional: "Es régimen de administración de las minas e hidrocarburos; el régimen de las tierras baldías; y la conservación, fomento y aprovechamiento de los bosques, suelos, aguas y otras riquezas nacionales del país". Al leer e interpretar los argumentos estimas en la constitución se logra comprender la importancia capital que tiene el Estado el regulación e implementación de un adecuado sistema de gestión ambiental, y por ende las instituciones educativas en especial las universitarias deben sumarse a este proceso, y así colaborar un proyecto de desarrollo sustentable.

Artículo 304: Todas las aguas son bien de dominio público de la Nación, insustituibles para la vida y el desarrollo.

Ley Penal del Ambiente

Artículo 20: "De todo delito contra el ambiente nace acción penal para castigo del culpable, también puede nacer acción civil para los efectos de las restituciones y reparaciones a que se refiera esta Ley es pública y se ejerce de oficio, por denuncia o por acusación".

Artículo 22: "El conocimiento de los delitos ambientales corresponde a la jurisdicción penal ordinaria", La gestión ambiental tiene apoyo no solo en la promoción de protección del ambiente, sino que además se cuenta con elementos que castigan y promueven las reparaciones necesarias para solventar un daño ambiental.

Ley Orgánica de Educación

Artículo 3: Es uno de los objetivos de esta Ley; "... La educación fomentar el desarrollo de una conciencia ciudadana para la conservación, defensa y mejoramiento del ambiente, calidad de vida y uso de los recursos naturales...". La educación es garante de la formación integral del ciudadano y ciudadana y en especial hacia la acción ambiental. La educación tiene y debe propiciar la formación en valores ambientales, para promover y garantizar la sustentabilidad.

Ley Orgánica para la Ordenación del Territorio

Artículo 3. N° 9: "A los fines de la presente Ley Orgánica, la ordenación del territorio, comprende: La protección del ambiente, la conservación y racional aprovechamiento de las aguas, los suelos, el subsuelo, los recursos forestales y demás recursos naturales renovables y no renovables en función de la ordenación del territorio". Tanto en este y como en los otros aspectos legales mencionados, la sensibilización ambiental y un proceso de construcción de conocimiento inmerso en un marco ambiental pueden propiciar la formación de un hombre y mujer comprometidos con el desarrollo de la nación bajo los preceptos de desarrollo sustentable.

Ley Orgánica del Ambiente

Artículo 12:   El Estado, conjuntamente con la sociedad, deberá orientar sus acciones para lograr una adecuada calidad ambiental que permita alcanzar condiciones que aseguren el desarrollo y el máximo bienestar de los seres humanos, así como el mejoramiento de los ecosistemas, promoviendo la conservación de los recursos naturales.

Artículo 35 Vincular el ambiente con temas asociados a ética, paz, derechos humanos, participación protagónica, …, bienestar social, integración de los pueblos, así como la problemática ambiental mundial. El ambiente debe estar vinculado con todos los aspectos de la vida y en especial con la participación ciudadana, es en este aspecto donde las instituciones de educación tienen que hacer grandes esfuerzos por lograr la compenetración de sus acciones con la realidad social en la que se desenvuelve, mediante la producción y socialización del conocimiento.

Artículo 52: Todo aprovechamiento y uso deberá promoverse en función del conocimiento disponible y del manejo de información sobre los recursos naturales, la diversidad biológica y los ecosistemas

Artículo 57: Para la conservación de la calidad del agua se tomarán en consideración los siguientes aspectos:

1. La clasificación de las aguas atendiendo a las características requeridas para los diferentes usos a que deba destinarse.

2. Las actividades capaces de degradar las fuentes de aguas naturales, los recorridos de éstas y su represamiento.

3. La reutilización de las aguas residuales previo tratamiento.

4. El tratamiento de las agua.

Norma para Proyectos, Construcción, Reforma y Mantenimiento De las Edificaciones (Gaceta Oficial N° 4.044 Extraordinario de 8 de septiembre de 1988).

Artículo 95. Toda edificación ubicada dentro de un área servida por un abastecimiento de agua público en condiciones de prestar servicio, deberá abastecerse del mismo.

Artículo 96. El sistema de abastecimiento de agua potable de toda edificación deberá ser diseñado y construido de acuerdo con lo establecido en estas normas y en forma tal que se garantice la posibilidad del agua.

Establece en el capítulo III la forma de cálculo de la dotación diaria de acuerdo al uso y requerimiento de la edificación:

Artículo 109: -viviendas unifamiliares y bifamiliares tabla 7

Artículo 110: edificaciones de uso público: -asistencial, -educacional

Artículo 111: edificaciones de uso comercial

Artículo 112: edificaciones industriales

Artículo 113: recreacional y deportivo tabla 9 (piscinas y vestuarios)

Plan de la Patria 2019-2025

Se encuentra compatibilidad de esta línea de investigación y de conocimiento con lo planteado en el modelo de desarrollo nacional vigente, y su objetivo final denominado GRAN OBJETIVO HISTÓRICO V, "Contribuir con la preservación de la vida en el planeta y la salvación de la especie humana".

Decreto 174040 referente a las Normas oficiales para la calidad del agua de Venezuela de fecha 11 de octubre de 1995.

Gaceta Oficial 36.395 normas sanitarias de calidad del agua potable

2.4. Hipótesis de trabajo

Fundamentado en el hecho de que la investigación realizara una valorización comprobable de un hecho, se planteó la siguiente hipótesis de trabajo:

"La investigación se propone comprobar la fiabilidad de la operacionalización de cada una de las cuatro dimensiones del concepto de conciencia ambiental, dirigido a la gestión estratégica de la revalorización del tratamiento y reutilización de aguas grises a ser aplicados a cualquier edificación de la comunidad Villa Universitaria, la práctica de este conocimiento funcionaría como un aporte para reducir en un alto porcentaje el consumo de agua de suministro público".

CAPÍTULO III MARCO METODOLOGICO

3.1. Enfoque, tipo y modalidad de la Investigación

Se aborda el desarrollo de la investigación enmarcada dentro del paradigma positivista empírico analítico y según el enfoque cuantitativo de acuerdo a Calventus, (2009) está caracterizado por:

- Concepción de la realidad como fáctica, externa y objetiva (fenómenos

observables), además es a-histórica e independiente del investigador.

- El conocimiento se obtiene a partir de la aplicación del método científico hipotético deductivo, no hay cabida a otro método.

- La observación de la realidad debe hacerse a partir del control de variables, de manera de aislar el fenómeno de otros y poder establecer conclusiones objetivas.

- Inicia con una preconcepción, que se construye a partir de la teoría existente y dan origen a las hipótesis de investigación.

- La teoría existente permite descomponer el fenómeno estudiado en sus partes, lo que permitirá identificar las variables que lo definen y que serán medidas en la fase empírica.

La propuesta se apoya en el tipo de investigación proyectiva, la cual se asocia a la elaboración de un modelo, plan, propuesta como solución a un problema detectado por el investigador. Basado en la propuesta de Mousalli-Kayat (2015) sobre Métodos y Diseños de

Investigación Cuantitativa, indicando que el diseño es un proceso de búsqueda y de descubrimiento de nueva información sobre las alternativas que están disponibles y acerca de las consecuencias que se seguirán si se escogen esas alternativas.

Para argumentar este tipo de investigación Hurtado (2008), hace referencia a la necesidad de la planificación inmersa en el diseño de planes y proyectos, reconoce que diseñar presupone una transformación de lo existente, "la investigación proyectiva transciende el campo de cómo son las cosas, para entrar en cómo podrían ser o cómo deberían ser, en términos de necesidades, preferencias o decisiones de ciertos grupos humanos"

La metodología propuesta, concebida como estudio analítico y crítico del método de investigación y de prueba; consiste en el establecimiento de un cuestionario preliminar llevada a cabo en la Urbanización Villa Universitaria de San Carlos estado Cojedes dirigida a evaluar la posición de los participantes hacia su conocimiento inicial en cuanto a las aguas grises y su manejo, su voluntad para aceptar el sistema de separación de aguas grises de los hogares lo cual arrojaría resultados relacionados con su conciencia ambiental sobre el reciclaje/reutilización de aguas grises.

En cuanto la generalización de los resultados, solo es posible cuando las unidades de análisis son seleccionadas al azar (Tamayo y Tamayo, 2004), esto ayuda al controlar el sesgo propio del muestro intencional. La generalización en este enfoque está asociada a la función explicativa de la investigación, en tal sentido, se trata definir las circunstancias en las cuales ocurre el fenómeno y las razones por las que ocurre, así, cuando se presente el fenómeno en esas condiciones ya se conozca su explicación; para tal fin, el investigador implementa el muestreo aleatorio y el control de variables como estrategias para alcanzar esta exigencia de la investigación cuantitativa igualmente, considerando la modalidad de campo.

Del mismo modo, Tamayo y Tamayo (ob.cit.), se refieren a los estudios de campo cuando los datos son recolectados de la realidad. Por la naturaleza de las variables analizadas, la presente es una investigación de campo.

3.2. Definición Conceptual y Operacional de las Variables de Estudio

Al respecto la presente investigación para operacionalizar las variables, utilizará las referencias y antecedentes sobre relaciones de causalidad proambientales, y además siguiendo las recomendaciones de Jiménez y Lafuente (2010) y Avila (2012), a continuación, se muestra la Tabla 1, operacionalización del constructo concienciación ambiental.

El constructo Concienciación Ambiental, para la sustentabilidad en el uso del sistema de separación y tratamiento de aguas grises dirigido a la comunidad Villa Universitaria, se operacionalizará a partir de las recomendaciones de Jiménez y Lafuente (2014), utilizando cuatro dimensiones o variables factores, **F1:Afectiva, F2: Cognitiva, F3:**

Disposicional o Conativa y F4: Activa; para los cuales se definirán indicadores y, para cada indicador se construirán preguntas (ítems) para medir cada indicador; lo cual se realizara fundamentado en la literatura especializada, adaptados de las recomendaciones de Gomera, Villamandos de la Torre y Vaquero (2012) y Jiménez y Lafuente (2014).

Tabla 1. Operacionalización del constructo concienciación ambiental

Variable constructo	Variable Factor	Variable Componente	Variable indicador
	Sociodemográfica	Indicadores sociales, económicos y demográficos	Situación Laboral, personal, Nivel y forma de ingreso, estado civil, tipo de residencia, condición de hábitat, situación del servicio agua.
Concienciación ambiental	Afectivo	Sensibilidad ambiental	Prioridad ambiental frente a otras problemáticas sociales Grado de preocupación por los servicios ambientales Grado de percepción de la gravedad del daño de los servicios ambientales planetarios Grado de percepción de la gravedad del daño de los servicios ambientales locales
		Adhesión a valores ecologistas	Grado de ecologismo subjetivo Percepción del daño causados por vehículos automotores Nivel de prioridad de la protección ambiental en la vida cotidiana Que tanto valoras los planes de gestión de conservación del agua
	Cognitivo	Datos / Información	Grado de informado en tecnologías de conservación y creación de servicios ambientales y, de tecnologías disruptivas físicas y epigenéticas de valorización de residuos de impacto ambiental

		Conocimiento	Nivel de conocimiento de las problemáticas ambientales Grado de conocimiento de las políticas públicas en materia ambiental
Disposicional		Autoeficacia	Sentimiento de autoeficacia Sentimiento de responsabilidad individual percibida
		Disposición a pagar por los servicios ambientales	Disposición a pagar por el uso y remediación de los servicios ambientales Disposición a pagar impuestos por la contaminación causada por el uso de combustible Disposición de implementación de la economía circular y multiR
		Actitud ante comportamientos pro ambientales	Grado de disposición al uso limitado de vehículo automotor para reducir impacto ambiental Grado de disposición del uso limitado de la tala y la quema Grado de disposición del uso limitado del agua
Activo		Conducta individual	Grado de actividades personales de remediación para paliar los daños a los servicios ambientales
		Conducta colectiva	Grado de actividades comunitarias de remediación para paliar los daños a los servicios ambientales

Fuente: Moreno (2023)

3.3. Descripción de Área de Estudio

La Urbanización Villa Universitaria está ubicada en la Avenida Universidad, San Carlos, Estado Cojedes, con un total de 200 viviendas y 860 habitantes.

Precisada esta Comunidad, como la institución de estudio referencial; en la cual se definió el objeto de estudio "CONCIENCIACIÓN AMBIENTAL PARA LA GESTIÓN Y REVALORIZACIÓN DE AGUAS GRISES EN URBANISMO DE COJEDES."; este objeto de estudio se referirá a la aplicabilidad de la prospectiva estratégica en planificación de la EDS (Educación para el desarrollo sostenible), específicamente en concienciación ambiental y aceptación; perteneciendo estos aspectos investigativos al ámbito de estudio de la planificación estratégica organizacional educativa pública. La población muestral de intervención, será el talento humano de los cabezas de familia, donde cada uno de ellos será la unidad de análisis de esta investigación.

Precisada la problemática de estudio para su formulación estratégica, la investigación se plantea responder las interrogantes, referidas a la formación de concienciación ambiental en la gestión de revalorización de aguas grises residenciales.

Figura 1. Ubicación satelital de la Urbanización Villa Universitaria San Carlos Estado Cojedes
Fuente: google maps satellite 2023

3. 4. Población y Muestra

La población de estudio serán los 200 cabezas de familia (se toma una muestra poblacional aleatoria, calculada con una muestra piloto) de cada una de las viviendas de la Comunidad Villa Universitaria (Ver figura 1).

Para estimar el tamaño de la muestra se procedió de la siguiente forma.

Se delimitó a realizar una encuesta piloto a cabezas de familia de 32 viviendas de la población en estudio (16% del total de viviendas), garantizando la formalidad y conocimiento requeridos para responder las preguntas del instrumento aplicado.

Una vez aplicado el instrumento a las 32 personas (tamaño de muestra a priori), se procede a calcular la suficiencia muestral a priori, según la recomendación de Martínez (2012). Con los valores piloto, de promedio aritmético muestral, de la varianza muestral y del error muestral.

Cada método estadístico exige un tamaño de muestra pertinente y suficiente para su utilización (exigido para demostrar los supuestos de su fundamento); por ello, si la muestra a priori es insuficiente, pues completa el muestreo (muestreo a posteriori).

3.5. Instrumento de Recolección de Datos

El método de recolección de datos consiste en la encuesta estructurada, también conocida como entrevista estandarizada y tiene un enfoque cuantitativo.
Las preguntas en esta entrevista se deciden de acuerdo con el detalle de información requerida; este tipo de entrevista se utiliza exclusivamente en la investigación de encuestas con la intención de mantener la uniformidad a lo largo de todas las sesiones de entrevista.
Se incluyen preguntas cerradas para entender las preferencias del usuario a partir de una serie de respuesta, se presenta un conjunto de argumentos, que serán calificados en sus respuestas, en una escala de cero (0) a cinco (5).

Este tipo de encuesta se caracteriza por su objetivo: recoger la máxima cantidad de datos partiendo de una hipótesis sobre un tema concreto y limitado, en general con un simple deseo de información, de descripción o de clasificación, sin segundas intenciones respecto a su medición, la encuesta de análisis o de diagnóstico trata de buscar una respuesta a una cuestión práctica; se necesita precisar las variables que intervienen.

Los datos, información y conocimientos (DICs) se recolectan con un instrumento, mediante un muestreo con reposición, que se diseña específicamente para el propósito de esta investigación, el cual será un instrumento para el constructo concienciación ambiental este instrumento será sometido a un análisis reflexivo de juicio, para su validación. (Capitulo IV).

Diseño y mejora del cuestionario: En el proceso de diseño del cuestionario (instrumento) se procede de acuerdo con el procedimiento estándar de creación de un cuestionario provisional, realización de pruebas piloto y análisis y mejora del instrumento de acuerdo con el marco de la evaluación por parte de tres expertos en el área objeto de la investigación

Fiabilidad del cuestionario: En principio la fiabilidad expresa el grado de precisión de la medida; con una fiabilidad alta los sujetos medidos con el mismo instrumento en ocasiones sucesivas debieran quedar ordenados de manera semejante. Si baja la fiabilidad, sube el error, los resultados hubieran variado más de una medición a otra. Además, la fiabilidad no es una característica de un instrumento; es una característica de unos resultados, de unas puntuaciones obtenidas en una muestra determinada. Con un mismo instrumento se mide y clasifica mejor cuando los sujetos son muy distintos entre sí, y baja la fiabilidad si la muestra es más homogénea (Morales-Vallejo, 2007)

3.6. Confiabilidad y Validez Interna del Instrumento

Para la validez de la teorización del constructo a priori se utiliza juicio de expertos y, validez a posteriori (validez convergente y discriminante), se aplica regresión multiobjetivo de relaciones de causalidad, con análisis multivariante por factores, siguiendo las recomendaciones de Domínguez, Sánchez y Torres (2010) e Idárraga y Lozada (2015).

Una vez recolectados los datos se les realiza un estudio de calidad funcional estadística y se evaluará la suficiencia muestral; se utilizará el alfa de Cronbach si se cumplen sus supuestos básicos, si no, se utilizaran coeficientes multivariados Theta (θ) y Omega (Ω). Para la suficiencia del tamaño de muestra en la utilización de análisis estadísticos multivariantes se realizará con pruebas multivariada siguiendo las recomendaciones de Cerny y Kaiser (1977). La validez convergente, se comprobará a través de la significación estadística de las cargas factoriales de los indicadores de cada constructo latente (λ), (Henseler, Ringle and Sarstedt, 2015).

La validez discriminante, que representa la varianza común entre los indicadores y su constructo, que dan indicios de unidimensionalidad de cada indicador, se realiza siguiendo las recomendaciones de Henseler, Ringle y Sinkovics (2009) y Fornell y Larcker (1981), usando el criterio de la varianza media extraída (Average Variance Extracted, AVE); En general, se sugiere que su valor debe ser superior a 0.50 (Chin, 1998; Fornell y Larcker, (ob.cit), Henseler, Ringle, and Sarstedt, 2015); el criterio para la validez discriminante es que la correlación de un constructo con sus indicadores, es decir, la raíz cuadrada del AVE debe ser superior a la correlación entre constructos (Fornell y Larcker 1981, Henseler, Ringle, and Sarstedt, 2015).

Una vez obtenida la metadata acondicionada y funcional se procederá a aplicar un análisis estructural jerárquico y luego con la caja de herramientas prospectivas de EPITA-LIPSOR (MICMAC, MACTOR y SMIC PROB EXPERT), para la obtención de los insumos en la creación del modelo prospectivo de gestión estratégica de formación de concienciación ambiental en gestión de revalorización de aguas grises residenciales en la comunidad de Villa Universitaria San Carlos.

3.7. Procedimiento de la Investigación

La metodología utilizada para dar cumplimiento a los objetivos propuestos, consistió en el desarrollo de las siguientes etapas:

3.7.1. *Fases del proceso de la Investigación*

El diagnóstico y evaluación de necesidades de concienciación ambiental y el desarrollo de un modelo estructural para su gestión estratégica prospectiva, diseñado además para contribuir en el desempeño operativo del rol ambiental de los habitantes de la comunidad Villa Universitaria,

San Carlos, Cojedes, para la gestión en el reciclaje de aguas grises en la vivienda; es presentado por fases:

Fase 1. Diagnosticar el grado de concienciación ambiental sustentable de los habitantes de la comunidad Villa Universitaria en San Carlos, mediante la aplicación de la encuesta utilizando como instrumento un cuestionario elaborado en base a los criterios de la sustentabilidad (económico, social y ambiental).

Fase 2.- Evaluar mediante indicadores de sustentabilidad la variable concienciación ambiental de la comunidad Villa Universitaria de San Carlos, mediante la consulta bibliográfica de la investigación de Jiménez y Lafuente (2014) y de Corraliza, et al. (2014), que demuestran que la variable concienciación ambiental, debe operacionalizarse con base en el conjunto de percepciones, opiniones y conocimientos acerca del ambiente en cuatro dimensiones o Factores (F_i).

F_1. Afectiva, F_2. Cognitiva, F_3. Disposicional, F_4. Activa o Conductual y, además con la opinión de los cabezas de familia.

A partir de lo cual, se identificará una lista preliminar de indicadores estratégicos de sustentabilidad, considerados los de mayor importancia en los sectores bajo estudio y con base en ello, se construye el cuadro operacionalización de la variable constructo de la investigación "concienciación ambiental sustentable" con su definición de variables.

De igual forma, a partir de la metodología del análisis, utilizando el análisis factorial con componentes principales, se identificaron los ítems, que más explican la sustentabilidad y se estima un índice de sustentabilidad, para evaluar la concienciación ambiental existente y mediante el Análisis de modelado estructural interpretativo jerárquico (AMEIJ), se detectará las variables de alta motricidad (alta influencia sobre el sistema), se jerarquiza el orden de intervención dentro del sistema evaluado CA y se representará mediante un Dígrafo jerárquico.

Fase 3. Diseñar un modelo prospectivo estratégico con criterios de sustentabilidad de la concienciación ambiental para los habitantes de la comunidad Villa Universitaria de San Carlos; es decir construir los futurables sustentables.

Para cumplir con este objetivo se utilizará la información obtenida en las fases anteriores y utilizando el Análisis Estructural Prospectivo, asistido con la caja de herramienta prospectiva, la validez psicométrica del constructo subyacente CPA, se realizará con la secuencia de análisis, según las recomendaciones de SAS/STAT®. (2013) y de IBM Corp. (2020), se determinan escenarios estratégicos probables (futuribles), los escenarios estratégicos probables deseables sustentables (futurables).

La metodología utilizada para la elaboración de esta fase 3 correspondiente a diseñar un modelo prospectivo estratégico con criterios de sustentabilidad de la concienciación ambiental en gestión de revalorización de aguas grises residenciales en la comunidad de Villa Universitaria San Carlos, se apoya en la revisión de fuentes de información y conocimientos de carácter documental; sustentándose en el uso de herramienta para el diseño futurables, tales como: matrices de impactos cruzados multiplicación aplicada para una clasificación (MICMAC);

método de actores, objetivos, resultados de Fuerzas (MACTOR) y el de impactos cruzados probabilísticos (SMICPROB EXPERT), iniciándose un proceso de reflexión para la concienciación ambiental, mediante el análisis y clasificación de las variables.

CAPÍTULO IV ANÁLISIS DE DATOS Y DISCUSIÓN DE DATOS Y RESULTADOS

En este capítulo se presentan los datos obtenidos de la encuesta, el análisis y discusión de resultados sobre "Concienciación Ambiental: CA". Todo estructurado en cuatro (04) partes:

Parte 1. Datos e información de la investigación.

Parte 2. Validación psicométrica de los factores del constructo "Concienciación Ambiental: CA".

Parte 3. El metamodelo factorial unidimensional construido y su bondad de ajuste. Y, Parte 4. Datos y resultados prospectivos que se corresponden con las opiniones expresadas en el cuestionario.

Todo con el propósito y objeto del estudio sobre la determinación del grado de potencialidad sociotecnológica del aprovechamiento de aguas grises urbanas (CA-AAGU) en la urbanización Villa Universitaria, de San Carlos estado Cojedes, una población representativa de 32 Casas familiares de un total de 200, Los datos recogidos por la encuesta a una muestra piloto de 32 casas (JMP®, 2023), encuesta referida a CA-AAGU. La encuesta, operacionalizada en cuatro cuestionarios (04 factores) se realizó para la determinación (detección) del nivel de los factores (afectivo, cognitivo, conativo y conductual) del constructo concienciación ambiental (CA), y con base en ello desarrollar un plan de enseñanza-aprendizaje sobre concienciación ambiental, dirigido al diseño de un proyecto tecnológico de un sistema de aprovechamiento de las aguas grises para cada vivienda de dicho urbanismo.

Una vez validado el instrumento de investigación por expertos, según las recomendaciones de QuestionPro (2023) y la aquiescencia según las recomendaciones de JASP Team (2023), y aplicada a la muestra poblacional (32 familias) para obtener los datos, se procede realizar la validez psicométrica del constructo del instrumento CPA (encuesta de 04 cuestionarios o 04 factores).

4.1. Datos e Información de la Investigación

En las tablas 2, 3, 4 Y 5 siguientes se muestran los datos originales de los cuatro cuestionarios de la encuesta, muestreados para cada factor de la CA, un tamaño muestreal a priori o muestra piloto de 32, según las recomendaciones de SAS JMP (2013).

Tabla 2. Variable Factor 1: Concienciación ambiental afectiva (FCA-Afectiva).

Casos	Ítems (cuestionario 1)							
	I1	I2	I3	I4	I5	I6	I7	I8
1	3	4	1	1	3	2	3	4
2	4	4	0	1	2	3	2	4
3	5	3	3	1	4	3	4	5
4	0	3	1	3	2	4	2	4
5	3	2	4	2	1	2	4	4
6	4	4	4	3	2	1	3	5
7	4	4	4	4	3	4	5	3
8	4	4	3	4	4	3	5	2
9	4	4	3	4	5	2	4	5
10	5	5	2	5	3	2	3	4

11	3	3	2	5	3	1	3	4
12	3	3	1	5	3	2	3	5
13	5	2	5	3	4	3	2	4
14	2	5	5	2	3	4	3	4
15	1	4	5	1	4	2	1	4
16	5	4	4	3	3	2	0	5
17	4	3	2	5	3	3	0	3
18	5	3	3	5	3	4	3	3
19	5	1	4	5	5	2	3	5
20	5	5	4	5	3	2	3	4
21	4	2	5	3	3	2	4	5
22	4	3	5	4	5	3	4	5
23	4	4	5	5	5	4	5	5
24	4	4	4	4	4	3	1	4
25	5	4	3	3	3	3	2	4
26	4	3	4	4	3	3	2	4
27	4	2	4	5	5	3	3	4
28	4	5	5	5	4	2	2	5
29	4	2	3	4	4	2	3	4
30	3	4	3	4	4	2	2	4
31	3	5	4	4	3	1	1	4
32	2	5	4	3	2	3	4	3

Fuente: Moreno (2023)

Tabla 3. Variable Factor 2: Concienciación ambiental cognitivo

Casos	Ítems (cuestionario 2)													
	I9	I10	I11	I12	I13	I14	I15	I16	I17	I18	I19	I20	I21	I22
1	2	1	0	3	2	2	2	0	2	1	2	0	2	0
2	2	3	2	2	2	4	3	1	2	1	2	0	3	0
3	3	5	3	4	1	2	1	2	2	1	0	1	1	0
4	1	1	4	2	4	3	1	3	3	0	0	3	1	1
5	5	4	3	3	3	2	2	0	0	2	1	1	2	1

6	1	2	2	1	2	4	2	3	3	1	3	3	2	2
7	5	3	1	1	1	2	1	3	3	2	1	2	1	2
8	4	3	4	2	4	3	0	3	3	2	3	1	0	1
9	3	2	5	2	5	2	2	2	2	2	2	0	2	0
10	2	1	3	1	3	2	0	1	1	0	1	0	0	2
11	3	1	2	4	2	3	2	3	3	0	2	0	2	0
12	3	1	4	3	4	4	3	1	1	1	2	1	3	2
13	2	1	2	2	2	1	4	3	3	3	1	1	3	0
14	2	0	3	1	3	2	3	3	3	1	4	2	2	3
15	2	2	1	4	2	0	2	3	3	3	3	2	1	3
16	1	3	1	5	4	1	1	2	2	2	2	1	4	2
17	1	4	2	3	2	0	4	1	0	1	1	0	5	1
18	4	3	2	2	3	1	5	2	2	0	4	2	3	4
19	1	2	1	4	1	4	2	1	1	0	5	0	2	5
20	3	1	1	2	1	5	2	3	3	0	3	2	4	3
21	2	4	3	3	2	3	3	2	2	3	2	0	2	2
22	3	5	5	1	2	2	4	2	2	4	0	0	3	3
23	4	3	1	1	1	4	1	2	2	4	1	1	2	1
24	3	2	4	2	0	2	2	2	2	1	3	3	4	3
25	2	4	2	2	2	3	0	1	1	0	1	1	3	2
26	3	2	3	1	3	2	1	2	2	5	3	3	2	1
27	3	3	3	0	4	4	0	3	3	4	2	2	1	2
28	4	1	2	2	3	2	1	2	2	0	1	1	4	2
29	1	1	1	3	2	3	4	2	1	3	0	0	5	1
30	1	2	1	4	1	2	3	1	2	2	0	0	2	4
31	1	2	1	3	1	1	3	1	1	1	0	0	2	3
32	0	1	1	2	1	3	3	2	2	0	2	3	3	2

Fuente: Moreno (2023)

Tabla 4. Variable Factor 3: Concienciación ambiental conativa

Casos	Ítems (cuestionario 3)														
	I23	I24	I25	I26	I27	I28	I29	I30	I31	I32	I33	I34	I35	I36	I37
1	4	5	3	2	0	2	2	0	0	0	0	2	0	4	5
2	4	4	2	1	1	1	2	0	1	0	0	2	1	4	4
3	4	4	1	2	2	2	2	1	0	1	1	1	0	4	5
4	4	4	2	3	3	0	0	0	2	0	0	3	1	4	5
5	5	5	2	2	1	0	0	1	3	1	1	0	0	5	5
6	3	3	1	0	3	0	0	1	0	1	1	0	2	3	4
7	3	3	4	0	3	2	0	2	1	2	1	2	3	3	4
8	5	2	3	1	3	2	1	3	0	2	2	3	0	5	4
9	2	1	2	2	2	3	0	0	0	2	1	1	1	2	4
10	1	1	1	3	0	2	1	0	1	1	3	1	1	1	5
11	5	2	4	1	3	1	1	1	0	0	0	0	1	5	4
12	4	2	5	3	1	1	2	0	1	3	2	0	2	4	4
13	4	1	2	3	3	2	3	1	1	1	2	1	0	4	4
14	4	0	3	3	3	3	2	0	2	4	1	0	1	4	4
15	5	2	2	2	3	4	2	2	3	4	3	1	2	5	5
16	3	0	4	0	2	2	2	3	0	4	0	1	3	3	5
17	3	2	2	2	0	1	1	0	0	3	0	2	1	3	5
18	2	0	3	1	2	4	1	1	0	3	2	3	3	2	4
19	5	3	2	3	1	3	1	1	1	2	3	0	3	5	5
20	4	3	2	2	3	4	0	1	0	2	1	0	3	4	3
21	4	2	3	2	2	2	0	2	1	1	1	0	2	4	3
22	3	1	4	2	2	2	1	2	1	5	0	1	0	3	5
23	3	4	1	3	2	1	0	2	2	5	2	0	3	3	2
24	2	5	2	4	2	3	1	0	0	5	1	1	1	2	4
25	2	3	0	2	1	0	0	0	0	4	1	1	0	2	5
26	1	2	1	0	2	0	2	0	1	2	0	1	0	1	4
27	5	3	0	2	3	3	3	0	0	3	2	2	1	5	4

28	5	3	1	3	2	2	0	1	1	2	1	2	0	5	4
29	5	3	1	1	0	1	1	0	0	0	0	2	1	5	5
30	4	2	3	3	0	2	1	1	2	0	0	0	1	4	4
31	2	1	1	2	1	2	1	1	0	1	1	0	1	2	2
32	3	4	3	3	2	4	1	2	0	2	2	0	2	3	5

Fuente: Moreno (2023)

Tabla 5. Variable Factor 4: Concienciación ambiental conductual

Casos	Ítems (cuestionario 4)															
	138	139	140	141	142	143	144	145	146	147	148	149	150	151	152	153
1	1	0	0	0	0	0	0	0	0	0	4	4	2	4	4	5
2	4	0	0	0	0	0	0	0	0	0	4	4	1	5	4	5
3	3	0	0	0	0	0	0	0	0	0	4	4	5	5	5	5
4	2	0	0	0	0	0	0	0	0	0	4	5	4	5	3	5
5	1	0	0	0	0	0	0	0	0	0	4	3	5	4	3	5
6	4	0	0	0	0	0	0	0	0	0	5	3	5	4	5	5
7	5	0	0	0	0	0	0	0	0	0	3	2	5	4	2	5
8	2	0	0	0	0	0	0	0	0	0	3	5	4	4	1	5
9	3	0	0	0	0	0	0	0	0	0	5	4	4	5	5	5
10	2	0	0	0	0	0	0	0	0	0	2	4	4	4	4	5
11	4	0	0	0	0	0	0	0	0	0	1	3	4	4	4	5
12	5	0	0	0	0	0	0	0	0	0	5	3	5	4	5	5
13	5	0	0	0	0	0	0	0	0	0	5	2	2	4	4	5
14	4	0	0	0	0	0	0	0	0	0	3	2	1	4	4	5
15	4	0	0	0	0	0	0	0	0	0	3	1	5	4	4	5
16	4	0	0	0	0	0	0	0	0	0	5	4	5	4	5	5
17	5	0	0	0	0	0	0	0	0	0	2	4	3	4	3	5
18	3	0	0	0	0	0	0	0	0	0	1	5	5	4	3	5
19	3	0	0	0	0	0	0	0	0	0	4	3	4	5	5	5
20	2	0	0	0	0	0	0	0	0	0	5	3	5	3	4	5
21	1	0	0	0	0	0	0	0	0	0	0	5	5	3	5	5
22	1	0	0	0	0	0	0	0	0	0	3	2	5	5	5	5

23	2	0	0	0	0	0	0	0	0	0	4	1	4	2	5	5
24	2	0	0	0	0	0	0	0	0	0	4	5	4	1	4	5
25	1	0	0	0	0	0	0	0	0	0	4	4	4	5	4	5
26	2	0	0	0	0	0	0	0	0	0	4	4	4	4	4	5
27	3	0	0	0	0	0	0	0	0	0	5	4	5	4	4	5
28	4	0	0	0	0	0	0	0	0	0	3	3	4	4	5	5
29	2	0	0	0	0	0	0	0	0	0	3	3	4	3	4	5
30	1	0	0	0	0	0	0	0	0	0	5	2	4	3	4	5
31	4	0	0	0	0	0	0	0	0	0	4	5	4	5	4	5
32	3	0	0	0	0	0	0	0	0	0	4	4	4	2	3	5

Fuente: Moreno (2023)

4.2. Validación Psicométrica de los Factores del Constructo "Concienciación Ambiental: CA".

La validez psicométrica del constructo subyacente CA, se realiza con la siguiente secuencia de análisis, según las recomendaciones de SAS/STAT®. (2013) y de IBM Corp. (2020): 1. Estudio de suficiencia estadística de los datos, 2 Análisis de cumplimiento de los supuestos estadísticos que deben poseer para que sean válidos los resultados de la aplicación de los métodos de estadística descriptiva paramétrica univariada y métodos de estadística paramétrica multivariada, 3. Paliación de anomalías encontradas, 4. Análisis de confiabilidad de consistencia interna de ítems, 5.Analisis con estadística descriptiva paramétrica, 6. Análisis con estadística multivariada paramétrica, y finalmente se presenta un "Diseño conceptual del sistema tecnológico de aprovechamiento de las aguas grises residenciales", que es posteriormente descrito en el capítulo 6.

Por su lado, en cada aparte se realiza una descripción sucinta del método aplicado en contraste con el análisis y discusión de los resultados.

4. 2.1. *Análisis de suficiencia estadística de los datos de los cuestionarios de la encuesta "Concienciación Ambiental: CA".*

Este análisis de los datos de los cuestionarios de la encuesta se realiza según las recomendaciones de SAS/STAT®. (2013), IBM Corp. (2020), JMP Statistical Discovery LLC (2022–2023), JMP®. (2023) y JASP Team (2023).

4.2.1.1. Pruebas de suficiencia de estadística paramétrica.

Para lo cual se inicia con un reconocimiento de la capacidad de funcionalidad estadística de los datos de los ítems, es decir que satisfaga los supuestos de validez de los análisis de estadística paramétrica, dada la robustez de esta comparada a la estadística no paramétrica. Y, estudiar sus fallas y sus potencialidades correcciones o paliativos.

Se inicia con el reconocimiento de si hay o no distribuciones múltiples, valores atípicos y suficiencia de varianza de cada ítem.

Para estos aspectos se realiza a través de un análisis descriptivo paramétrico unidimensional Factor por factor), con la metodología que se secuencia a continuación.

Se graficó con el software JASP la distribución de los datos de los ítems, y se estudió bajo los siguientes criterios:

1. Si hay algún pico en el conjunto de datos, no puede ser una distribución uniforme discreta,

2. Si los datos tienen más de un pico, no es Poisson o binomial,

3. Si tiene una sola curva, no hay picos secundarios, y tiene una pequeña pendiente en cada lado, podría ser una distribución Poisson o gamma. Pero no podrá ser una distribución uniforme discreta,

4. Si los datos se distribuyen de manera uniforme, y es sin inclinar hacia un lado, es seguro excluir una distribución gamma o Weibull,

5. Si la función tiene una distribución uniforme o un pico en el medio de los resultados graficados, no es una distribución geométrica o una distribución exponencial.

El análisis determinó que al menos no hay ítems compuestos de mezclas de distintas distribuciones.

Respecto a valores atípicos (valores mucho mayor o mucho menor que la mediana) o aquellos datos que se hallan a una distancia del primer cuartil y del tercer cuartil superior a 1.5 veces el rango intercuartílico, se llaman valores atípicos. Previo orden de los datos de menor a mayor. El análisis no detecto valores atípicos.

La suficiencia de varianza de Ítems (SVI).

Para este SVI se utiliza el análisis de Estimadores M, un método de regresión robusto (del tipo de máxima verosimilitud) como una alternativa más eficiente al método de mínimos cuadrados ordinarios matriciales cuando los datos tienen valores atípicos, observaciones extremas o no siguen una distribución normal, y lo fundamental es que si la varianza no es significativa, no posee un estimador M.

No se recomienda la estimación M cuando, 1. Cuando los datos anómalos (atípicos: outliers) reflejan valores de importancia real, es decir valores extraños de interés, o 2. Los datos poblacionales se componen de distintas mezclas de distribuciones. Por eso es adecuado revisar preliminarmente el tipo de distribución de los datos. Y, la estimadores M según las recomendaciones de Susanti, Y. et al. (2013).

Aquí en este caso se usan cuatro (04) estimadores robustos para comprobar y a su vez auto validar (el estimador-M de Huber, el estimador en onda de Andrew, el estimador-M redescendente de Hampel y el estimador biponderado de Tukey).

En la tabla 6 Siguiente se muestran los resultados de los Estimadores M.

Tabla 6. Estimadores M para la Variable Factor 1: FCA-Afectiva.
Fuente: Moreno (2023)

Ítems	Estimadores M			
	Huber's M[a]	Tukey's Biweight[b]	Hampel's M[c]	Andrews' Wave[d]
I1	3,88	3,91	3,84	3,91
I2	3,61	3,58	3,56	3,58
I3	3,62	3,62	3,55	3,62
I4	3,81	3,79	3,72	3,79
I5	3,36	3,37	3,40	3,37
I6	2,51	2,51	2,53	2,51
I7	2,85	2,85	2,82	2,85
I8	e	e	e	e

a. The weighting constant is 1,339., b. The weighting constant is 4,685., c. The weighting constants are 1,700, 3,400, and 8,500
d. The weighting constant is 1,340*pi.,
e. Some M-Estimators cannot be computed because of the highly centralized distribution around the median.

Tabla 7. Estimadores M para la Variable Factor 2: FCA-Cognitiva.

	Estimadores M			
	Huber's M-[a]	Tukey's Biweight[b]	Hampel's M-[c]	Andrews' Wave[d]
I9	2,31	2,35	2,37	2,35
I10	2,15	2,17	2,22	2,17
I11	2,15	2,17	2,22	2,17
I12	2,27	2,30	2,33	2,30
I13	2,19	2,21	2,26	2,21
I14	2,43	2,44	2,46	2,44
I15	2,06	2,05	2,07	2,05
I16	1,98	1,97	1,95	1,97
I17	2,04	2,04	2,02	2,04
I18	1,32	1,33	1,42	1,33
I19	1,74	1,69	1,69	1,69
I20	1,03	1,05	1,09	1,05
I21	2,30	2,32	2,36	2,32
I22	1,78	1,74	1,74	1,74

a. The weighting constant is 1,339., b. The weighting constant is 4,685., c. The weighting constants are 1,700, 3,400, and 8,500, d. The weighting constant is 1,340*pi.

Fuente: Moreno (2023)

Tabla 8. Estimadores M para la Variable Factor 3: (FCA-Conativa).

Fuente: Moreno (2023)

Casos	Estimadores M			
	Huber's M[a]	Tukey's Biweight[b]	Hampel's M[c]	Andrews' Wave[d]
I23	3,67	3,63	3,59	3,63
I24	2,50	2,50	2,50	2,50
I25	2,12	2,13	2,16	2,13
I26	2,04	2,02	2,00	2,02
I27	1,90	1,87	1,83	1,87
I28	1,90	1,89	1,88	1,89
I29	1,02	1,03	1,05	1,03
I30	0,86	0,85	0,88	0,85
I31	0,54	0,46	0,56	0,46
I32	1,91	1,85	1,93	1,86
I33	1,03	1,05	1,07	1,05
I34	0,97	0,98	1,00	0,98
I35	1,15	1,19	1,24	1,19
I36	3,67	3,63	3,59	3,63
I37	4,28	4,28	4,25	4,28

a. The weighting constant is 1,339., b. The weighting constant is 4,685., c. The weighting constants are 1,700, 3,400, and 8,500., d. The weighting constant is 1,340*pi.

Tabla 9. Estimadores M para la Variable Factor 4: (FCA-Conductual).

Casos	Estimadores M[e,f,g,h,i,j,k,l,m,n,o]			
	Huber's M[a]	Tukey's Biweight[b]	Hampel's M[c]	Andrews' Wave[d]
I38	2,88	2,86	2,85	2,86
I48	3,79	3,81	3,73	3,81
I49	3,51	3,51	3,49	3,51
I50	4,20	4,22	4,15	4,22
I51	.	.	.	.
I52	4,08	4,08	4,05	4,08

a. The weighting constant is 1,339., b. The weighting constant is 4,685.,
c. The weighting constants are 1,700, 3,400, and 8,500., d. The
weighting constant is 1,340*pi.
e. I39 is constant. It has been omitted.
f. I40 is constant. It has been omitted.
g. I41 is constant. It has been omitted.
h. I42 is constant. It has been omitted.
i. I43 is constant. It has been omitted.
j. I44 is constant. It has been omitted.
k. I45 is constant. It has been omitted.
l. I46 is constant. It has been omitted.
m. I47 is constant. It has been omitted.
n. Some M-Estimators cannot be computed because of the highly
centralized distribution around the median.
o. I53 is constant. It has been omitted.
Fuente: Moreno (2023)

Los resultados de la tabla 6 del factor 1 (Afectivo) indican que el ítem 8 (I8), con valor la letra "e" presenta muy alta curtosis ($\sigma^2 = 0$). Para paliar esta situación se realizó un remuestreo sin reposición a otras familias y se sustituyeron los datos, hasta que se subsanó la anomalía.

Los resultados de la tabla 7 para los ítems de los factores F2: Cognitivo y F3: Conativo, presentan suficiencia de varianza para aplicar estadísticas paramétricas.

Y, los resultados en la tabla 8 del factor 4 (Conductual), solo los I38, I48, I49, I50 y I52, tienen varianza suficiente. El ítem I51no tiene varianza (para este ítem se aplicó remuestreo para paliar esta anomalía de insuficiencia de varianza).

El resto de ítems (I39, I40,   I41,   I42,   I43,   I44,   I45,   I46 y   I47) son vectores constantes con valores de cero (0), por tanto estos ítems deben sustraerse del análisis estadístico paramétrico y analizarse por separado, con solo análisis inductivo-abductivo para estos ítems. Ya que estos valores de cero (0,0) reflejan que las personas no tienen esas conductas, seguramente porque adolecen de sus principios y bases para realizarlas. Y con base en ello, se justifica una capacitación y formación al respecto.

Sin embargo, se observa que en general, en todos los factores medidos en la escala del cero (0) al 5 sobre concienciación pro ambiental, el promedio general es bastante bajo, indicando ello la necesidad de un programa de capacitación y formación en concienciación pro ambiental, y dirigido al diseño e instalación de un sistema de aprovechamiento de las aguas grises urbanas del urbanismo en estudio.

4.2.1.2. Prueba de comprobación de supuestos estadísticos

4.2.1.2.1. Normalidad de Gauss de los ítems.

La prueba de Shapiro-Wilk es un estadístico robusto de estimar si una muestra pequeña aleatoria (<50 datos) proviene de una distribución normal de Gauss. La prueba da un valor W entre 0 y 1; los valores pequeños con alta significancia (p<0,05) indican que la muestra poblacional no tiene una distribución normal (puede rechazar la hipótesis nula H0 de que su población tiene una distribución normal si sus valores están por debajo de cierto umbral). Y se calcula según las recomendaciones de IBM Corp. (2020).

En las tabla 9, 10, 11 Y 12 Siguientes se muestran los resultados de la prueba Shapiro-Wilk para los ítems de cada uno de los 04 factores.

Tabla 10. Prueba de normalidad de Gauss para los ítems del factor afectivo

Ítems	Estadística Shapiro-Wilk		
	W	grados de libertad	Significancia
I1	0,833	31	0,000***
I2	0,900	31	0,006***
I3	0,887	31	0,003***
I4	0,854	31	0,000***
I5	0,899	31	0,006***
I6	0,875	31	0,002***
I7	0,936	31	0,050*
I8	0,813	31	0,000***

Fuente: Moreno (2023)

Tabla 11. Prueba de normalidad de Gauss para los ítems del factor cognitivo

Ítems	Estadística Shapiro-Wilk		
	W	grados de libertad	Significancia.
I9	0,930	31	0,040*
I10	0,912	31	0,013*
I11	0,912	31	0,013*
I12	0,930	31	0,038*
I13	0,921	31	0,022*
I14	0,933	31	0,047*
I15	0,939	31	0,049*
I16	0,859	31	0,001***
I17	0,847	31	0,000***
I18	0,885	31	0,003***
I19	0,924	31	0,027*
I20	0,833	31	0,000**
I21	0,935	31	0,050*
I22	0,925	31	0,029*

Fuente: Moreno (2023)

Tabla 12. Prueba de normalidad de Gauss para los ítems del factor conativo

Ítems	Estadística Shapiro-Wilk		
	W	grados de libertad	Significancia
I23	0,893	31	0,004***
I24	0,942	31	0,047*
I25	0,936	31	0,048*
I26	0,888	31	0,003***
I27	0,851	31	0,000***
I28	0,911	31	0,012*
I29	0,859	31	0,001***
I30	0,827	31	0,000***
I31	0,775	31	0,000***

I32	0,913	31	0,013*
I33	0,858	31	0,001***
I34	0,842	31	0,000***
I35	0,847	31	0,000***
I36	0,893	31	0,004***
I37	0,772	31	0,000***

Fuente: Moreno (2023)

Tabla 13. Prueba de normalidad de Gauss para los ítems del factor conductual

Items	Estadística Shapiro-Wilk		
	W	grados de libertad	Significancia
I38	0,902	31	0,007***
I48	0,860	31	0,001***
I49	0,905	31	0,008***
I50	0,743	31	0,000***
I51	0,814	31	0,000***
I52	0,819	31	0,000***

Fuente: Moreno (2023)

Análisis y discusión de los resultados de normalidad de Gauss de los ítems.

Los resultados mostrados en las tablas 19 11, 12 y 13 anteriores de la prueba Shapiro-Wilk indican que se puede aceptar la hipótesis de que los datos tienen distribución normal suficiente, ya que todos los ítems de todos los factores con varianza suficiente, tiene un W robusto y significativo.

Sin embargo, para este supuesto, para comparar, se estandarizaron los datos (opiniones para cada respuesta) tomando cada valor y restándole su media aritmética y re escalando por sus desviaciones estándar, así

obtuvieron distribuciones más normal de Gauss con valor medio cero y
desviación estándar unidad, y aun así los resultados no cambiaron
significativamente. Por lo tanto, las pruebas de Shapiro-Wilk para
normalidad de Gauss se valida. Aunque para trabajos de investigación
estadística, se recomienda la transformación de Box-Cox.

4.2.1.2.2. Detección y corrección de la aquiescencia de ítems.

La aquiescencia se detectó a través de análisis de covarianzas de los
ítems de cada factor, verificando la homogeneidad de las correlaciones con
la escala utilizada, es decir "si hay solo correlaciones positivas o "solo
correlaciones negativas", ya que si hay mezcla de correlaciones, entonces
habrá presencia de aquiescencia.

Para los casos de aquiescencia presente, se procedió a corregir
(paliar) la redacción y a corregir estadísticamente estos ítem a través de la
instrucción -Reverse-Scaled Items- algoritmo del software estadístico, la
cual ajusta el orden de respuesta de la escala, de tal manera de que todos
los ítems respuestas tengan solo respuestas de correlación preferiblemente
solo positiva con la escala.

Los resultados mostraron:

Tabla 14. Aquiescencia en el factor 1: CA afectivo.

| | Estadísticos detección de aquiescencia CA afectivo | | | | | |
Estimate	McDonalds ω	Cronbach α	Guttman λ2	Guttman λ6	glb	Average Interitem correlation
Point estimate	NaN	0.382	0.451	0.436	0.610	0.061
95% CI lower bound	NaN	-0.002	0.139	0.286	0.558	-0.018
95% CI upper bound	NaN	0.641	0.673	0.757	0.887	0.159

Note. Of the observations, pairwise complete cases were used. The following items correlated negatively with the scale: I2, I6. Omega calculation with CFA failed. Try changing to PFA in Advanced Options
Fuente: Moreno (2023)

Tabla 15. Aquiescencia en el factor 2: CA cognitivo.

| | Estadísticos detección de aquiescencia CA cognitivo | | | | | |
Estimate	McDonald ω	Cronbach α	Guttman λ2	Guttman λ6	glb	Average interitem correlation
Point estimate	0.178	0.057	0.249	0.506	0.731	0.009
95% CI lower bound	-0.061	-0.552	-0.324	0.518	0.740	-0.030
95% CI upper bound	0.417	0.462	0.547	0.919	0.965	0.057

Note. The following items correlated negatively with the scale: I10, I12, I15, I21, I22.
Fuente: Moreno (2023)

Tabla 16. Aquiescencia en el factor 3: CA conativo.

| | Estadísticos detección de aquiescencia CA conativo | | | | | |
Estimate	McDonald ω	Cronbach α	Guttman λ2	Guttman λ6	glb	Average interitem correlation
Point estimate	NaN	0.506	0.591	NaN	0.866	0.066
95% CI lower bound	NaN	0.194	0.333	0.771	0.865	0.004
95% CI upper bound	NaN	0.715	0.758	0.959	0.987	0.135

Note. Of the observations, pairwise complete cases were used. The following items correlated negatively with the scale: I24, I34, I37. Variables I23 and I36 correlated perfectly. Omega calculation with CFA failed. Try changing to PFA in Advanced Options Lambda6 calculation failed.

Fuente: Moreno (2023)

Para el factor conductual, en este caso se estimó con solo los ítems I38, I48, I49, I50, I51 e I52, ya que los ítems del I39 al I47, son un vector contante (valor de cero en la escala del 0 al 5) y el I53 es un vector constante (valor de 5 en la escala del 0 al 5); ya que los vectores constantes y además con varianza cero, son ítems no funcionales en estadística paramétrica.

Tabla 17. Aquiescencia en el factor 4: CA conductual.

Estimate	McDonald ω	Cronbach α	Guttman λ2	Guttman λ6	glb	Average interitem correlation
		Estadísticos detección de aquiescencia CA conductual				
Point estimate	NaN	-0.076	0.080	0.059	0.266	-0.006
95% CI lower bound	NaN	-0.815	-0.411	-0.401	0.055	-0.085
95% CI upper bound	NaN	0.400	0.459	0.547	0.726	0.088

Note. Of the observations, pairwise complete cases were used. The following items correlated negatively with the scale: I49, I50. Omega calculation with CFA failed. Try changing to PFA in Advanced Options
Fuente: Moreno (2023)

Análisis y discusión de los resultados de la invariancia estadística paramétrica.

En consecuencia de los resultados anteriores, se detectó que:

1. En el factor afectivo los ítems I22 e I6 están correlacionados negativamente con la escala y los demás correlacionan positivamente. Por tanto estos se corrigieron su aquiescencia.

2. En el factor cognitivo: Los ítems I10, I12, I15, I21, I22 están correlacionados negativamente con la escala y los demás correlacionan positivamente. Por tanto, los I10, I12, I15, I21, I22 se corrigió su aquiescencia

3. En el factor conativo: los ítems I24, I34 y el I37 están correlacionados negativamente con la escala y los demás correlacionan positivamente. Por tanto, a estos se corrigió su aquiescencia.

Y los ítems I23 e I36 están correlacionados perfectamente (son colineales), por tanto se decidió sustraer del análisis estadístico el I36; de tal manera que a posteriori cualquier participación o efecto del I23, también se le debe imputar a I36.

4. En el factor conductual, los ítems I49 e I50 están correlacionados negativamente con la escala y los demás correlacionan positivamente. Por tanto, los I49 e I50 se corrigió su aquiescencia.

Análisis inductivo y abductivo de los ítems, por casos.

Las variables definidas a considerar en el análisis prospectivo simplificado del constructo CA (concienciación ambiental), fueron.

A.   Variables CA Afectivas (sentimientos de preocupación).(F1)

A1. La sensibilidad ambiental o receptividad hacia las anomalías ambientales

A2. Percepción de la gravedad las anomalías ambientales

B.   Variables CA Cognitivas (DICs: Datos, Información, conocimientos).(F2)

B1. DICs sobre constitución, integralidad y funcionamiento de ecosistemas (relación holística suelo-agua-aire-biodiversidad).

B2. DICs sobre creación de Bienes y Servicios Ambientales (BySA)

C. Variables CA Disposicional (Intención a actuar).(F3)

C1. Disposición a actuar personalmente con criterios ecológicos.

C2. Aceptar los costos y gastos personales asociados al consumo responsable y a la intervención en materia ambiental.

D. Variables CA Activa o Conductual (comportamiento real).(F4)

D1. Consumo ecológico responsable, economía circular y creación de BySA.

D2. Conductas de expresión de apoyo a la protección de los BySA.

4.2.1.2.3. Validación psicométrica de la unidimensionalidad de los factores (cuestionarios) del constructo CA

Una vez corregidas las deficiencias anteriores de funcionalidades estadísticas, los datos corregidos se muestran en las tablas 18, 19, 20 Y 21 Siguientes. Donde $\bar{I}$ es la media aritmética y $\overline{DS}$ la desviación estándar.

Tabla 18.Variable Factor 1: Concienciación ambiental afectiva.

Casos	Ítems (cuestionario 1)								$\overline{C}$	$\overline{DS}$
	I1	I2	I3	I4	I5	I6	I7	I8		
1	3	5	1	1	3	3	3	4	2,88	1,27
2	4	5	0	1	2	1	2	4	2,38	1,65
3	5	4	3	1	4	2	4	5	3,50	1,32
4	0	2	1	3	2	2	2	4	2,00	1,12
5	3	5	4	2	1	2	4	4	3,13	1,27
6	4	2	4	3	2	3	3	5	3,25	0,97
7	4	3	4	4	3	3	5	3	3,63	0,70
8	4	4	3	4	4	3	5	2	3,63	0,86
9	4	4	3	4	5	3	4	5	4,00	0,71
10	5	4	2	5	3	4	3	4	3,75	0,97
11	3	3	2	5	3	3	3	4	3,25	0,83
12	3	2	1	5	3	2	3	5	3,00	1,32
13	5	5	5	3	4	2	2	4	3,75	1,20
14	2	1	5	2	3	2	3	4	2,75	1,20
15	1	3	5	1	4	4	1	4	2,88	1,54
16	5	3	4	3	3	3	0	5	3,25	1,48
17	4	4	2	5	3	2	0	3	2,88	1,45
18	5	4	3	5	3	2	3	3	3,50	1,00
19	5	5	4	5	5	4	3	5	4,50	0,71
20	5	2	4	5	3	3	3	4	3,63	0,99
21	4	3	5	3	3	2	4	5	3,63	0,99
22	4	3	5	4	5	1	4	5	3,88	1,27
23	4	5	5	5	5	2	5	5	4,50	1,00
24	4	4	4	4	4	2	1	4	3,38	1,11
25	5	4	3	3	3	3	2	4	3,38	0,86
26	4	4	4	4	3	4	2	4	3,63	0,70
27	4	4	4	5	5	1	3	4	3,75	1,20
28	4	2	5	5	4	2	2	5	3,63	1,32
29	4	3	3	4	4	4	3	4	3,63	0,48
30	3	3	3	4	4	3	2	4	3,25	0,66
31	3	4	4	4	3	3	1	4	3,25	0,97
32	2	4	4	3	2	2	4	3	3,00	0,87
$\overline{I}$	3,72	3,53	3,41	3,59	3,38	2,56	2,78	4,13	3,39±0,52	
$\overline{DS}$	1,18	1,06	1,34	1,32	0,99	0,86	1,29	0,74		

Fuente: Moreno (2023)

Tabla 19. Variable Factor 2: Concienciación ambiental cognitivo.

Casos	Ítems (cuestionario 2)														$\bar{C}$	$\overline{DS}$
	I9	I10	I11	I12	I13	I14	I15	I16	I17	I18	I19	I20	I21	I22		
1	2	1	0	2	2	2	3	0	2	1	2	0	3	2	1,57	0,98
2	2	2	2	3	2	4	3	1	2	1	2	0	2	3	2,07	0,96
3	3	2	3	4	1	2	3	2	2	1	0	1	2	4	2,14	1,12
4	1	1	4	3	4	3	4	3	3	0	0	3	5	1	2,50	1,55
5	5	1	3	2	3	2	1	0	0	2	1	1	4	2	1,93	1,39
6	1	3	2	0	2	4	0	3	3	1	3	3	1	2	2,00	1,20
7	5	2	1	1	1	2	1	3	3	2	1	2	2	1	1,93	1,10
8	4	4	4	2	4	3	0	3	3	2	3	1	3	2	2,71	1,16
9	3	2	5	2	5	2	2	2	2	2	2	0	4	3	2,57	1,29
10	2	3	3	1	3	2	1	1	1	0	1	0	2	1	1,50	0,98
11	3	5	2	1	2	3	4	3	3	0	2	0	3	3	2,43	1,35
12	3	4	4	3	4	4	3	1	1	1	2	1	2	2	2,50	1,18
13	2	1	2	2	2	1	2	3	3	3	1	1	4	3	2,14	0,91
14	2	2	3	4	3	2	2	3	3	1	4	2	2	5	2,71	1,03
15	2	3	1	2	2	0	5	3	3	3	3	2	3	4	2,57	1,18
16	1	4	1	3	4	1	4	2	2	2	2	1	5	1	2,36	1,34
17	1	3	2	5	2	0	1	1	0	1	1	0	4	2	1,64	1,44

															$\bar{I}$	$\overline{DS}$
18	4	2	2	4	3	1	2	2	2	0	4	2	1	3	2,29	1,16
19	1	0	1	1	1	4	3	1	1	0	5	0	2	3	1,64	1,49
20	3	1	1	2	1	5	4	3	3	0	3	2	3	0	2,21	1,42
21	2	1	3	3	2	3	3	2	2	3	2	0	3	2	2,21	0,86
22	3	1	5	4	2	2	2	2	2	4	0	0	2	0	2,07	1,49
23	4	1	1	1	1	4	0	2	2	4	1	1	0	2	1,71	1,33
24	3	2	4	2	0	2	2	2	2	1	3	3	2	0	2,00	1,07
25	2	3	2	2	2	3	0	1	1	0	1	1	0	1	1,36	0,97
26	3	3	3	1	3	2	1	2	2	5	3	3	1	2	2,43	1,05
27	3	2	3	1	4	4	2	3	3	4	2	2	2	2	2,64	0,89
28	4	4	2	3	3	2	2	2	2	0	1	1	2	1	2,07	1,10
29	1	1	1	2	2	3	1	2	1	3	0	0	1	1	1,36	0,89
30	1	5	1	4	1	2	1	1	2	2	0	0	1	0	1,50	1,40
31	1	3	1	2	1	1	3	1	1	1	0	0	3	0	1,29	1,03
32	0	1	1	3	1	3	2	2	2	0	2	3	2	0	1,57	1,05
$\bar{I}$	2,41	2,28	2,28	2,34	2,28	2,44	2,09	1,94	2,00	1,56	1,78	1,13	2,38	1,81	2,05±0,42	
$\overline{DS}$	1,25	1,28	1,28	1,16	1,18	1,20	1,31	0,90	0,87	1,41	1,29	1,08	1,24	1,29		

Fuente: Moreno (2023)

Tabla 20. Variable Factor 3: Concienciación ambiental conativa.

Casos	Ítems (cuestionario 3)														$\bar{C}$	$\overline{DS}$
	I23	I24	I25	I26	I27	I28	I29	I30	I31	I32	I33	I34	I35	I37		
1	4	4	3	2	0	2	2	0	0	0	0	0	0	5	1,57	1,76
2	4	1	2	1	1	1	2	0	1	0	0	0	1	2	1,14	1,06
3	4	2	1	2	2	2	2	1	0	1	1	0	0	4	1,57	1,24
4	4	3	2	3	3	0	0	0	2	0	0	2	1	5	1,79	1,61
5	5	3	2	2	1	0	0	1	3	1	1	2	0	4	1,79	1,47
6	3	3	1	0	3	0	0	1	0	1	1	2	2	4	1,50	1,30
7	3	2	4	0	3	2	0	2	1	2	1	1	3	4	2,00	1,25
8	5	3	3	1	3	2	1	3	0	2	2	1	0	5	2,21	1,52
9	2	5	2	2	2	3	0	0	0	2	1	1	1	4	1,79	1,42
10	1	4	1	3	0	2	1	0	1	1	3	0	1	2	1,43	1,18
11	5	1	4	1	3	1	1	1	0	0	0	1	1	5	1,71	1,71
12	4	2	5	3	1	1	2	0	1	3	2	0	2	3	2,07	1,39
13	4	3	2	3	3	2	3	1	1	1	2	0	0	3	2,00	1,20
14	4	3	3	3	3	3	2	0	2	4	1	0	1	5	2,43	1,45
15	5	0	2	2	3	4	2	2	3	4	3	3	2	4	2,79	1,21
16	3	2	4	0	2	2	2	3	0	4	0	2	3	5	2,29	1,48
17	3	0	2	2	0	1	1	0	0	3	0	1	1	5	1,36	1,44

18	2	2	3	1	2	4	1	1	0	3	2	1	3	5	2,14	1,30
19	5	0	2	3	1	3	1	1	1	2	3	0	3	4	2,07	1,44
20	4	1	2	2	3	4	0	1	0	2	1	1	3	4	2,00	1,36
21	4	2	3	2	2	2	0	2	1	1	1	0	2	4	1,86	1,19
22	3	2	4	2	2	2	1	2	1	5	0	0	0	4	2,00	1,51
23	3	1	1	3	2	1	0	2	2	5	2	1	3	5	2,21	1,42
24	2	1	2	4	2	3	1	0	0	5	1	1	1	4	1,93	1,49
25	2	2	0	2	1	0	0	0	0	4	1	3	0	4	1,36	1,44
26	1	3	1	0	2	0	2	0	1	2	0	2	0	4	1,29	1,22
27	5	3	0	2	3	3	3	0	0	3	2	0	1	4	2,07	1,58
28	5	5	1	3	2	2	0	1	1	2	1	0	0	5	2,00	1,77
29	5	4	1	1	0	1	1	0	0	0	0	3	1	5	1,57	1,80
30	4	4	3	3	0	2	1	1	2	0	0	1	1	5	1,93	1,58
31	2	4	1	2	1	2	1	1	0	1	1	2	1	4	1,64	1,11
32	3	5	3	3	2	4	1	2	0	2	2	2	2	5	2,57	1,35
$\bar{I}$	3,53	2,50	2,19	1,97	1,81	1,91	1,06	0,91	0,75	2,06	1,09	1,03	1,25	4,22	0,37±1,88	
$\overline{DS}$	1,20	1,41	1,21	1,05	1,04	1,21	0,90	0,91	0,90	1,56	0,95	0,98	1,06	0,82		

Fuente: Moreno (2023)

Tabla 21. Variable Factor 4: Concienciación ambiental conductual.

Casos	Ítems (cuestionario 4)						$\bar{C}$	$\overline{DS}$
	I38	I48	I49	I50	I51	I52		
1	1	4	4	4	4	4	3,50	1,12
2	4	4	5	4	5	4	4,33	0,47
3	3	4	2	4	5	5	3,83	1,07
4	2	4	3	4	5	3	3,50	0,96
5	1	4	3	4	4	3	3,17	1,07
6	4	5	4	5	4	5	4,50	0,50
7	5	3	4	4	4	2	3,67	0,94
8	2	3	4	4	4	1	3,00	1,15
9	3	5	5	4	5	5	4,50	0,76
10	2	2	1	4	4	4	2,83	1,21
11	4	1	2	5	4	4	3,33	1,37
12	5	5	5	5	4	5	4,83	0,37
13	5	5	3	5	4	4	4,33	0,75
14	4	3	3	4	4	4	3,67	0,47
15	4	3	5	5	4	4	4,17	0,69
16	4	5	4	3	4	5	4,17	0,69
17	5	2	4	5	4	3	3,83	1,07
18	3	1	1	5	4	3	2,83	1,46
19	3	4	2	1	5	5	3,33	1,49
20	2	5	2	2	3	4	3,00	1,15
21	1	0	3	5	3	5	2,83	1,86
22	1	3	3	4	5	5	3,50	1,38
23	2	4	4	4	2	5	3,50	1,12
24	2	4	4	4	1	4	3,17	1,21
25	1	4	5	4	5	4	3,83	1,34
26	2	4	2	5	4	4	3,50	1,12
27	3	5	3	5	4	4	4,00	0,82
28	4	3	3	5	4	5	4,00	0,82
29	2	3	5	4	3	4	3,50	0,96
30	1	5	4	5	3	4	3,67	1,37
31	4	4	4	1	5	4	3,67	1,25
32	3	4	4	2	2	3	3,00	0,82
$\bar{I}$	2,88	3,59	3,44	4,03	3,91	4,00	3,54±0,62	
$\overline{DS}$	1,32	1,27	1,14	1,10	0,95	0,94		

Los resultados de la estadística descriptiva paramétrica de media aritmética de casos y desviación estándar ($\bar{\bar{C}} \pm \overline{\overline{DS}}$), así como la media aritmética de ítems y desviación estándar ($\bar{\bar{I}} \pm \overline{\overline{DS}}$), que se indican en los laterales de cada tabla, muestran.

1. Factor afectivo.

Para ítems, la gran media ($\bar{\bar{I}} \pm \overline{\overline{DS}}$), están en el intervalo 2,80 a 3,91, esto significa en la escala del 0 al 10 que el 100 % de los ítems (100% de la población muestral) califican como extraordinariamente muy deficientes en CA afectivo.

2. Factor cognitivo.

Para ítems, la gran media ($\bar{\bar{I}} \pm \overline{\overline{DS}}$), están en el intervalo.

La gran media de respuesta cognitivo ($\overline{I} \pm \overline{(DS)}$), están en el intervalo 1,63 a 2,47, esto significa en la escala del 0 al 10 que el 100 % de los ítems (100% de la población muestral) califican como extraordinariamente muy deficientes en CA cognitivo

3. Factor conativo.

La gran media de respuesta conativa ($\overline{I} \pm \overline{(DS)}$), están en el intervalo 1,51 a 2,25, esto significa en la escala del 0 al 10 que el 100 % de los ítems (100% de la población muestral) califican como extraordinariamente muy deficientes en CA conativo.

4. Factor conductual.

La gran media ($\bar{\bar{I}} \pm \overline{\overline{DS}}$), están en el intervalo 3,12 a 4,16, Por otro lado, los ítems I39, I40, I41, I42, I43, I44, I45, I46, e I47 que calificaron con valor de cero, lo que significa que la media general baja a 0,354 en la escala del 0 al 10, esto indica que el 100 % de los ítems (100% de la población muestral) califican como extraordinariamente muy deficientes en CA conductual,

Así, en todos los 04 factores los datos muestran que la población requiere ser intervenida con un plan de capacitación y entrenamiento respectivo.

4.2.1.2.4. Unidimensionalidad de los factores del constructo CA

La unidimensionalidad y todo el resto de análisis de funcionalidad y supuestos estadísticos de aquí en adelante se realizó con los datos acondicionados, pero sin estandarizar, ya que se demostró que los resultados no cambian.

El análisis de unidimensionalidad se realizó según las recomendaciones de IBM Corp (2020), los gráficos de segmentación (Scree Plot), en las figuras 2, 3, 4 y 5 siguientes obtenido con análisis multivariado de componentes principales, se detecta que este intenta sedimentar (estabilizar) apenas en se incorporen todos los ítem, es decir se requieren todos en forma conjunta para modelar la CA y explicar su variabilidad total (comunalidades).

4.2.1.2.5. Suficiencia de correlación entre ítems (SCI) y con el factor.

Por qué la SCI, porque si no hay suficiencia de correlación entre ítems, los resultados de los análisis multivariados paramétricos muy probablemente serán inválidos.

Esta prueba se realizó construyendo la matriz de correlación Bayesiana unidimensional, según las recomendaciones de JASP Team (2023).

En las tablas 22, 23, 24 Y 25 siguiente se muestra el grado de correlación entre ítems para los cuatro (04) factores, así como el factor de significancia de Bayes, con su respectivo intervalo de confianza.

Tabla 22. Matriz de correlación Pearson. Factor afectivo

Ítems	I1	I2	I3	I4	I5	I6	I7	I8
I1	—							
I2	0.345	—						
I3	0.131	-0.130	—					
I4	0.328	-0.114	0.093	—				
I5	0.304	0.137	0.355	0.355	—			
I6	0.063	-0.019	0.019	0.091	0.046	—		
I7	0.083	0.085	0.123	0.058	0.137	-0.114	—	
I8	0.148	-0.164	0.201	-0.044	0.277	-0.061	-0.037	—

Determinante: 0,370
Fuente: Moreno (2023)

Tabla 23. Matriz de correlación Pearson. Factor cognitivo

Ítems	I9	I10	I11	I12	I13	I14	I15	I16	I17	I18	I19	I20	I21	I22
I9	—													
I10	0.026	—												
I11	0.300	0.028	—											
I12	-0.161	0.061	0.166	—										
I13	0.156	0.237	0.507	0.043	—									
I14	0.048	0.223	-0.042	-0.400	-0.043	—								
I15	-0.215	-0.053	-0.109	0.184	0.023	-0.086	—							
I16	0.106	0.042	0.151	-0.189	0.105	0.112	0.138	—						
I17	0.116	0.056	0.028	-0.217	0.061	0.181	0.248	0.843	—					
I18	0.207	-0.122	0.154	-0.156	0.111	-0.109	-0.215	0.175	0.128	—				
I19	0.055	-0.076	-0.038	-0.220	0.081	0.183	0.142	0.203	0.251	-0.155	—			
I20	0.078	-0.093	0.087	-0.183	-0.003	0.102	-0.030	0.522	0.467	-0.005	0.332	—		

Ítems	I9	I10	I11	I12	I13	I14	I15	I16	I17	I18	I19	I20	I21	I22
I21	-0.118	-0.047	0.169	0.192	0.376	-0.341	0.536	0.077	0.058	-0.102	-0.085	-0.104	—	
I22	0.145	-0.044	0.089	0.043	0.262	-0.129	0.178	0.179	0.197	0.058	0.427	-0.051	0.064	—

Determinante: 0,008

Fuente: Moreno (2023)

Tabla 24. Matriz de correlación Pearson. Factor conativo

Ítems	I23	I24	I25	I26	I27	I28	I29	I30	I31	I32	I33	I34	I35	I37
I23	—													
I24	-0.138	—												
I25	0.147	-0.146	—											
I26	0.088	0.074	-0.094	—										
I27	0.180	-0.148	-0.102	0.177	—									
I28	0.056	0.027	-0.183	0.270	0.234	—								
I29	0.143	-0.074	0.075	0.002	0.012	0.207	—							

Ítems	I23	I24	I25	I26	I27	I28	I29	I30	I31	I32	I33	I34	I35	I37
I30	0.188	0.133	-0.383	0.265	-0.375	0.247	-0.145	—						
I31	0.268	0.123	-0.072	0.290	0.050	-0.136	-0.058	0.085	—					
I32	-0.268	-0.382	0.060	0.174	0.237	0.285	0.042	0.223	0.056	—				
I33	0.039	-0.105	-0.152	0.350	0.176	0.472	0.103	0.191	0.174	0.271	—			
I34	-0.147	0.034	-0.241	-0.333	-0.006	0.234	0.285	-0.108	0.044	-0.039	-0.137	—		
I35	-0.055	-0.396	-0.280	-0.134	0.183	0.384	-0.213	0.347	0.000	0.236	0.319	0.082	—	
I37	0.232	0.121	0.148	-0.065	0.121	0.084	-0.231	0.278	-0.095	0.112	-0.308	0.302	0.081	—

Determinante: 0,012
Fuente: Moreno (2023)

Tabla 25. Matriz de correlación Pearson. Factor conductual

Ítems	I38	I48	I49	I50	I51	I52
I38	—					
I48	0.063	—				
I49	0.140	0.359	—			
I50	0.067	-0.258	0.039	—		
I51	0.191	0.046	-0.077	-0.057	—	
I52	0.000	0.210	0.000	0.000	0.071	—

Determinante: 0,69
Fuente: Moreno (2023)

De las tablas 21, 22, 23 Y 24 anteriores para los factores, se detecta que en general las correlaciones entre ítems son pequeñas, significando que son ítems muy independientes e ítems linealmente relacionados y hay mucha potencialidad de aplicar un análisis factorial.

Sin embargo los resultados del análisis multivariados paramétricos pudieran no ser suficientes potente y recurrirse a métodos alternativos; seguramente métodos de machine learning, como lo recomienda JMP®. (2023).

4.2.1.2.6. Suficiencia de homogeneidad de comunalidad de ítems

La comunalidad (varianza explicada) por los ítems debería ser lo más homogénea posible, significando que cada ítem "tenga la misma importancia" (mismo tamaño de efecto o ponderación), de no ser así, entonces se estima que cada ítem pondera su efecto con diferente fuerza, y entonces significa que el modelo lineal aditivo uni ponderado sus ítems en los análisis multivariados, por tanto, no tendrán buena bondad de ajuste, y entonces los resultados podrían ser invalidados.

En las tablas 26, 27, 28 Y 29 Se muestran las comunalidades de ítems para cada factor.

Tabla 26. Comunalidades de ítems para el factor afectivo

Ítems	Comunalidades (% varianza)	
	Inicial	Extracción
I1	1,000	0,691
I2	1,000	0,849
I3	1,000	0,515
I4	1,000	0,720
I5	1,000	0,649
I6	1,000	0,565
I7	1,000	0,729
I8	1,000	0,774

Extraction Method: Principal Component Analysis.
Fuente: Moreno (2023)

La comunalidad unidimensional para el factor afectivo indica que homogénea proporción de varianza en el modelo factorial de componentes principales, indicando esto unidimensionalidad del factor afectivo.

Tabla 27. Comunalidades de ítems para el factor cognitivo

Ítems	Comunalidades (% varianza)	
	Inicial	Extracción
I9	1,000	0,086
I10	1,000	0,002
I11	1,000	0,049
I12	1,000	0,158
I13	1,000	0,056
I14	1,000	0,089
I15	1,000	0,016
I16	1,000	0,711
I17	1,000	0,709
I18	1,000	0,034
I19	1,000	0,276
I20	1,000	0,427
I21	1,000	5,138E-005
I22	1,000	0,124

Extraction Method: Principal Component Analysis.
Fuente: Moreno (2023)

La comunalidad unidimensional para el factor cognitivo indica que hay relativa homogénea proporción de varianza en el modelo factorial de componentes principales, indicando esto unidimensionalidad del factor afectivo; sin embargo, la comunalidad es pobre, solo los ítems I16 e I17 explican aproximadamente el 70 % de su varianza original, indicando esto que con estos dos ítems son suficiente para explicar la variabilidad del factor cognitivo.

Tabla 28. Comunalidades de ítems para el factor conativo

Ítems	Comunalidades (% varianza)	
	Inicial	Extracción
I23	1,000	0,035
I24	1,000	0,230
I25	1,000	0,178
I26	1,000	0,005
I27	1,000	0,284
I28	1,000	0,425
I29	1,000	0,002
I30	1,000	0,416
I31	1,000	0,023
I32	1,000	0,315
I33	1,000	0,291
I34	1,000	0,015
I35	1,000	0,462
I36	1,000	0,018
I37	1,000	0,035

Extraction Method: Principal Component Analysis.
Fuente: Moreno (2023)

La comunalidad unidimensional para el factor conativo indica que hay relativa homogénea proporción de varianza en el modelo factorial de componentes principales, indicando esto unidimensionalidad del factor afectivo; sin embargo, la comunalidad es pobre, sin embargo, solo los I28, I30 e I35 seria los más representativos del factor conativo.

Tabla 29. Comunalidades de ítems para el factor conductual

Ítems	Comunalidades (% varianza)	
	Inicial	Extracción
I38	1,000	0,091
I39	1,000	0,711
I40	1,000	0,391
I41	1,000	0,133
I42	1,000	0,036
I43	1,000	0,143

Extraction Method: Principal Component Analysis.
Fuente: Moreno (2023)

La comunalidad unidimensional para el factor conductual indica que hay relativa homogénea proporción de varianza en el modelo factorial de componentes principales, indicando esto unidimensionalidad del factor conductual; sin embargo, la comunalidad es pobre, siendo el I39 el que más explica el factor conductual.

4.2.1.2.7. Multicolinealidad.

Si la matriz de datos tiene muy fuertes correlaciones entre ítems, significa que hay multicolinealidad y entonces la matriz de covarianzas será singular (determinante será cero o muy muy pequeño y se presenta división por cero) y las operaciones de invertir matrices de los métodos de regresión mínimos cuadrados usados por los métodos multivariados no se pueden realizar y los procedimientos no convergen, así que el análisis en la computadora se detiene, produciendo la advertencia correspondiente

(Warning: Matrix is close to singular or badly scaled) de que la matriz es singular.

Los resultados para cada factor se indican en las Tablas 25, 26, 27 Y 28 anteriores.

Así como su determinante de la matriz de correlación de Pearson.

Los resultados mostrados en las tablas de correlaciones anteriores de los datos acondicionados, muestran que no hay multicolinealidad y que más bien es relativamente baja las correlaciones de Pearson. Y por su lado, estas matrices tienen determinante (D) positivo, es decir no son singulares, para ello véase al final de cada tabla su valor para cada factor: 0,37., 0,008., 0,012 y 0,69, para el factor afectividad, el factor cognitivo, el factor conativo y el factor conductual respectivamente, indicando no singularidad de dicha matriz.

4.2.1.2.8. Normalidad multivariante de los ítems.

El propósito del análisis multivariante es medir, explicar y predecir el grado de relación que existe entre la variación (combinación lineal ponderada de las variables). El carácter multivariante del análisis descansa no sólo en el número de variables sino en las múltiples combinaciones existente entre las variables.

El análisis de la multinormalidad se realiza según las recomendaciones de Sergio, et al. (1996) y Ospina (2022), utilizando la prueba de Shapiro-Wilk multivariada, y para contrastar se aplica la prueba de Mardia dada sus propiedades de robustez; sin embargo se requiere que la matriz de datos sea No Singular para que pueda ser invertida durante la prueba de Mardia o cualquier otra prueba multivariada paramétrica.

En la tabla siguiente se muestran resultados de la prueba de Shapiro-Wilk para normalidad multivariada.

Tabla 30 Prueba para normalidad multivariada de Wm Shapiro-Wilk

Factor	Wm	p-value
Afectivo	0,834	1,863e-4***
Cognitivo	0,757	6,948e-6***
Conativo	0,650	1,703e-7***
Conductual	0,889	3,00 e-3***

Fuente: Moreno (2023)

Los resultados de la prueba Wn de Shapiro-Wilk indican que hay multinormalidad de Gauss en todos los factores, un Wn grande con alta significancia estadística.

En las tablas siguientes se muestran resultados de la prueba de Mardia para multinormalidad (sesgo y curtosis multivariado para muestras pequeñas [<50]) para cada factor.

Sin embargo, para aplicar la prueba multivariada de Mardia, se debe cumplir el supuesto de que las muestras tienen distribuciones normales subyacentes y son independientes, y esto se prueba con la prueba de T^2 de Hotelling, donde las hipótesis de prueba son:

Hipótesis nula (H0): las muestras proceden de poblaciones con la misma media multivariante.

Hipótesis alternativa (H1): las muestras son de poblaciones con diferentes medias multivariadas.

Tabla 31 prueba de T^2 de Hotelling para el factor

Factor	T^2 de Hotelling	F	gl1	gl2	Sig.
Afectivo	76,218	8,781	7	25	0,000***
Cognitivo	51,906	2,447	13	19	0,037*
Conativo	640,839	30,213	13	19	0,000***
Conductual	22,066	3,844	5	27	0,009**

Fuente: Moreno (2023)

Los resultados de la prueba de T^2 de Hotlling indican que las muestras provienen de poblaciones comunes, con igual media aritmética, con distribuciones normales subyacentes y son independientes.

Así entonces, en la tabla ¿? Siguiente se muestra los resultados de la prueba de normalidad multivariada.

Tabla 32. Sesgo o asimetría y curtosis multivariado para los 04 factores (04 cuestionarios)

Factor	Prueba de normalidad multivariada de Mardia				
	Prueba sesgo multivariado de Mardia				
Afectivo	b1p*	Chi(b1p)	p-value	adj-Chi	p-value
	25,1047	133,8917	0,1822ns	149,4636	0,0953
	Prueba curtosis multivariado de Mardia				
	b2p*	N(b2p)	p-value		
	77,0734	-0,6544	0,5128ns		
	Prueba sesgo multivariado de Mardia				
Cognitivo	b1p	Chi(b1p)	p-value	adj-Chi	p-value
	94,5054	504,0289	0,9565ns	558,0459	0,5154ns
	Prueba curtosis multivariado de Mardia				
	b2p	N(b2p)	p-value		
	211,5137	-1,6686	0,0952ns		
	Prueba sesgo multivariado de Mardia				
Conativo	b1p	Chi(b1p)	p-value	adj-Chi	p-value
	92,6927	494,3611	0,9785ns	547,3419	0,6410ns
	Prueba curtosis multivariado de Mardia				

	b2p	N(b2p)	p-value		
	210,6822	-1,7797	0,0751ns		
	Prueba sesgo multivariado de Mardia				
Conductual	b1p	Chi(b1p)	p-value	adj-Chi	p-value
	12,6865	67,6612	0,1366ns	75,9779	0,390ns
	Prueba curtosis multivariado de Mardia				
	b2p	N(b2p)	p-value		
	43,9210	-1,1775	0,2390ns		

*Coeficientes de Mardia

Fuente: Moreno (2023)

La hipótesis a probar con la prueba de Mardia es:

H 0 (nulo): Las variables siguen una distribución normal multivariante.

H a (alternativa): las variables no siguen una distribución normal multivariante.

Dado que ambos valores (sesgo y curtosis) de p-value no son inferiores a 0,05 (no significativos: ns), no se rechaza la hipótesis nula de la prueba. No hay evidencia suficiente para decidir que las variables del conjunto de datos No siguen una distribución multivariante.

4.2.1.2.9. Aditividad de efectos de Ítems en el modelo factorial de cada factor.

Los resultados mostrados a continuación Tabla 33, 34, 35 y 36, de la prueba de Tukey, fortalecen el supuesto de que el modelo lineal aditivo de 1er orden es suficientemente cierto para los análisis estadísticos multivariados realizados aquí con la muestra tomada para el constructo CA.

Tabla 33. Aditividad de efectos "Prueba de Mardia" factor afectivo

Fuentes de variacion			Estadisticos				
			Suma de cuadrados	gl	Cuadrado medio	F	Sig.
Entre casos			68,090	31	2,196		
	Entre ítems		56,496	7	8,071	6,946	0,000***
Dentro de ítems	Residual	No aditividad	0,251^a	1	0,251	0,215	0,643ns
		Balance	251,878	216	1,166		
		Total	252,129	217	1,162		
	Total		308,625	224	1,378		
Total			376,715	255	1,477		

Gran media = 3,39

a. Tukey's estimate of power to which observations must be raised to achieve additivity =0,563.

Fuente: Moreno (2023)

Tabla 34. Aditividad de efectos "Prueba de Mardia" factor cognitivo

Fuentes de variacion			Estadisticos				
			Suma de cuadrados	gl	Cuadrado medio	F	Sig.
Entre casos			80,891	31	2,609		
Entre ítems			59,788	13	4,599	3,257	0,000***
Dentro de ítems	Residual	No aditividad	0,518^a	1	0,518	0,366	0,545ns
		Balance	568,622	402	1,414		
		Total	569,141	403	1,412		
	Total		628,929	416	1,512		
Total			709,819	447	1,588		

Gran media = 3,39

a. Tukey's estimate of power to which observations must be raised to achieve additivity =0,563.

Fuente: Moreno (2023)

Tabla 35. Aditividad de efectos "Prueba de Mardia" factor conativo

Fuentes de variacion			Estadisticos				
			Suma de cuadrad os	gl	Cuadrad o medio	F	Sig.
Entre casos			62,033	31	2,001		
Entre ítems			427,217	13	32,863	27,30 7	0,000** *
Dentro de ítems	Residual	No aditividad	0,000ᵃ	1	0,000	0,000	0,986ns
		Balance	484,997	40 2	1,206		
		Total	484,998	40 3	1,203		
	Total		912,214	41 6	2,193		
Total			974,248	44 7	2,180		

Gran media = 1,88

a. Tukey's estimate of power to which observations must be raised to achieve additivity =0,563.

Fuente: Moreno (2023)

Tabla 36. Aditividad de efectos "Prueba de Mardia" factor conductual

Fuentes de variacion			Estadisticos				
			Suma de cuadrados	gl	Cuadrado medio	F	Sig.
Entre casos			52,370	31	1,689		
	Entre ítems		31,422	5	6,284	5,062	0,000***
Dentro de ítems	Residual	No aditividad	5,165[a]	1	5,165	4,248	0,041*
		Balance	187,247	154	1,216		
		Total	192,411	155	1,241		
	Total		223,833	160	1,399		
Total			276,203	191	1,446		

Gran media = 3,39

a. Tukey's estimate of power to which observations must be raised to achieve additivity =0,563.

Fuente: Moreno (2023)

4.2.1.2.10. Suficiencia del tamaño muestreal a priori (STMA).

Para este supuesto se construyó primero la matriz de correlación anti-imagen para cada factor, y estudio la diagonal principal, la cual deben tener solo valores lo más próximo a 1 (uno) y el resto en los laterales deben ser de valores pequeños; resultados mostrados en las tablas 37, 38, 39 y 40

Siguientes, en el supuesto "Suficiencia de bondad de ajuste del modelo lineal aditivo".

Para validar la bondad de ajuste del modelo factorial, se construyó la matriz de correlaciones anti-imagen (tabla 36 Siguiente).

Tabla 37. Matriz de correlaciones anti-imagen factor afectivo

	I1	I2	I3	I4	I5	I6	I7	I8
I1	,479[a]	-,438	-,111	-,372	-,013	-,062	-,029	-,232
I2	-,438	,279[a]	,216	,348	-,261	,043	-,048	,299
I3	-,111	,216	,548[a]	,099	-,322	-,014	-,100	-,042
I4	-,372	,348	,099	,361[a]	-,371	-,036	-,011	,259
I5	-,013	-,261	-,322	-,371	,526[a]	-,046	-,089	-,309
I6	-,062	,043	-,014	-,036	-,046	,478[a]	,130	,092
I7	-,029	-,048	-,100	-,011	-,089	,130	,594[a]	,083
I8	-,232	,299	-,042	,259	-,309	,092	,083	,348[a]

a. Measures of Sampling Adequacy(MSA)

Fuente: Moreno (2023)

Tabla 38. Matriz de correlaciones anti-imagen factor cognitivo

	I9	I10	I11	I12	I13	I14	I15	I16	I17	I18	I19	I20	I21	I22
I9	,634[a]	-,013	,284	,163	,014	,055	,118	,101	-,131	-,070	,014	-,007	,055	-,118
I10	-,013	,170[a]	,026	,088	-,414	,420	-,054	-,064	-,147	,323	,022	,253	,361	,244
I11	-,284	,026	,510[a]	,309	,369	,204	-,114	-,184	,169	-,101	,040	-,093	-,114	,007
I12	,163	,088	-,309	,515[a]	-,011	,391	-,215	,041	,010	,234	,185	,063	,165	-,046
I13	,014	-,414	-,369	-,011	,423[a]	-,252	,195	,082	,023	-,199	-,064	-,106	-,486	-,303
I14	,055	,420	-,204	,391	-,252	,310[a]	-,163	-,001	-,196	,337	-,091	,246	,489	,309
I15	,118	-,054	,114	-,215	,195	-,163	,507[a]	,117	-,244	,053	-,128	,038	-,545	-,148

I16	,101	-,064	-,184	,041	,082	-,001	,117	,614a	-,751	-,104	,069	-,280	-,120	-,122
I17	-,131	-,147	,169	,010	,023	-,196	-,244	-,751	,614a	-,104	,016	,121	,009	,084
I18	-,070	,323	-,101	,234	-,199	,337	,053	-,104	-,104	,353a	,180	,177	,248	,036
I19	,014	,022	,040	,185	-,064	-,091	-,128	,069	-,016	,180	,561a	-,336	,094	-,452
I20	-,007	,253	-,093	,063	-,106	,246	,038	-,280	-,121	,177	-,336	,551a	,200	,357
I21	,055	,361	-,114	-,165	-,486	,489	-,545	-,120	-,009	,248	,094	,200	,372a	,238
I22	-,118	,244	,007	-,046	-,303	,309	-,148	-,122	-,084	,036	-,452	,357	,238	,372a

a. Measures of Sampling Adequacy(MSA)

Fuente: Moreno (2023)

Tabla 39. Matriz de correlaciones anti-imagen factor conativo

	I23	I24	I25	I26	I27	I28	I29	I30	I31	I32	I33	I34	I35	I37
I23	,274a	,409	-,003	-,096	-,182	-,021	-,197	-,156	-,270	,566	-,162	,163	,187	-,455
I24	,409	,347a	-,024	-,039	-,016	-,192	-,084	,040	,026	,517	-,179	-,002	,452	-,318
I25	-,003	-,024	,454a	-,038	,055	-,076	-,169	-,374	-,153	-,002	,382	,306	-,292	-,003
I26	-,096	-,039	-,038	,369a	,278	,309	-,310	,412	-,370	-,228	-,331	-,330	-,278	-,179
I27	-,182	-,016	,055	,278	,654a	,161	,082	-,112	-,084	-,215	-,072	-,083	-,049	-,015
I28	-,021	-,192	,076	,309	,161	,575a	-,321	-,127	-,304	-,081	-,227	-,087	-,367	-,119
I29	-,197	-,084	-,169	-,310	,082	-,321	,346a	,258	-,002	-,154	-,125	-,106	,363	,141
I30	-,156	-,040	-,374	,412	-,112	-,127	,258	,563a	-,114	-,176	-,322	,019	-,069	-,181

I31	-,270	,026	-,153	-,370	-,084	-,304	,002	-,114	,350a	-,082	-,050	-,245	-,067
													-,216
I32	,566	,517	-,002	-,228	-,215	-,081	-,154	-,176	-,082	,392a	-,166	-,028	-,131
													-,335
I33	-,162	-,179	-,382	-,331	-,072	-,227	-,125	-,322	-,050	-,166	,470a	-,062	-,362
													-,471
I34	,163	-,002	,306	,330	,083	,087	,106	-,019	-,245	-,028	-,062	,510a	-,057
													-,344
I35	,187	,452	-,292	,278	,049	-,367	,363	,069	-,067	-,131	-,362	-,057	,474a
													-,166
I37	-,455	-,318	-,003	-,179	-,015	-,119	-,141	-,181	-,216	-,335	-,471	-,344	-,166
													,330a

a. Measures of Sampling Adequacy(MSA)

Fuente: Moreno (2023)

Tabla 40. Matriz de correlaciones anti-imagen factor conductual

	I38	I48	I49	I50	I51	I52
I38	,485a	-,024	-,135	-,079	-,208	,020
I48	-,024	,454a	-,387	,298	-,045	-,232
I49	-,135	-,387	,431a	-,135	,115	,083
I50	-,079	,298	-,135	,385a	,052	-,074
I51	-,208	-,045	,115	,052	,450a	-,060
I52	,020	-,232	,083	-,074	-,060	,412a

a. Measures of Sampling Adequacy(MSA)

Fuente: Moreno (2023)

Los resultados de la matriz anti imagen muestran que es suficiente el tamaño de muestra, sin embargo es recomendable para un trabajo de exigencia de mayor profundidad exploratoria o como es instrumentar modelos no lineales, el aumentar el tamaño de muestra.

En segundo lugar y para validar la STMA se realizaron la pruebas KMO y Esfericidad de Bartlett, resultados mostrados en la tabla 41 Siguiente.

Tabla 41 Prueba KMO y Bartlett de adecuación muestral para los factores

		Factores del CPA			
Pruebas		Afectivo	Cognitivo	Conativo	Conductual
Kaiser-Meyer-Olkin		0,428	0,471	0,432	0,438
Esfericidad de Bartlett	Approx. Chi-Square	27,357	122,254	112,418	10,443
	df	28	91	91	15
	Sig.	0,499ns	0, 611ns	0,632ns	0,791ns

Fuente: Moreno (2023)

Los resultados anteriores de la matriz de correlación anti-imagen muestran que la muestra de 32 familias es un mínimo suficiente para estudiar el constructo CPA con análisis factorial.Sin embargo los estadísticos KMO y Esfericidad de Bartlett. Donde el KMO varía entre 0 y 1.Valores pequeños (< 0,5) y significativos indican que es prudencial más no estrictamente necesario anexar nuevas muestras; a menos que la investigación continúe hasta la construcción de "Modelos de Ecuaciones Estructurales", que no es objetivo de esta investigación en curso.

Los valores del KMO, en todos los casos dieron menor de 0,5, pero no significativos.

4.2.1.2.11. Suficiencia de bondad de ajuste del modelo factorial lineal aditivo de 1er orden unidimensional.

El modelo multivariado (modelo factorial: modelo lineal aditivo de 1er orden) ajustado por defecto en los software tradicional, y usado aquí muestra excelente bondad de ajuste, dado que se pudo obtener la matriz de correlación reproducida (obtenida con el modelo) y la diferencia entre ambas matrices (matriz de correlaciones medidas – matriz de correlaciones reproducidas) da la matriz de correlaciones residuales, la cual contiene valores pequeños (residuos pequeños).

Por tanto se puede aceptar que el modelo es lineal aditivo de 1er orden, y de buena bondad de ajuste.

En las tablas siguientes se muestra la matriz de correlaciones residuales , y véase que los valores son bastante pequeños, un indicador de buena bondad de ajuste..

Tabla 42. Matriz de correlaciones residuales para el factor afectivo

Reproduced Correlations

		I1	I2	I3	I4	I5	I6	I7	I8
Reproduced Correlation	I1	,454[a]	,118	,361	,382	,539	,059	,180	,254
	I2	,118	,031[a]	,094	,099	,140	,015	,047	,066
	I3	,361	,094	,288[a]	,304	,430	,047	,143	,202
	I4	,382	,099	,304	,322[a]	,454	,050	,152	,214
	I5	,539	,140	,430	,454	,641[a]	,070	,214	,302
	I6	,059	,015	,047	,050	,070	,008[a]	,023	,033
	I7	,180	,047	,143	,152	,214	,023	,071[a]	,101
	I8	,254	,066	,202	,214	,302	,033	,101	,142[a]
R	I1		,227	-,230	-,054	-,235	,004	-,097	-,106

	I1	I2	I3	I4	I5	I6	I7	I8
I2	,227		-,223	-,213	-,003	-,035	,038	-,230
I3	-,230	-,223		-,211	-,075	-,029	-,020	-,001
I4	-,054	-,213	-,211		-,099	,041	-,094	-,258
I5	-,235	-,003	-,075	-,099		-,025	-,077	-,025
I6	,004	-,035	-,029	,041	-,025		-,137	-,094
I7	-,097	,038	-,020	-,094	-,077	-,137		-,137
I8	-,106	-,230	-,001	-,258	-,025	-,094	-,137	

Extraction Method: Principal Component Analysis.

a. Reproduced communalities

b. Residuals are computed between observed and reproduced correlations. There are 18 (64,0%) nonredundant residuals with absolute values greater than 0.05.

Fuente: Moreno (2023)

Tabla 43. Matriz de correlaciones residuales para el factor cognitivo

Reproduced Correlations

Reproduced Correlation	I9	I10	I11	I12	I13	I14	I15	I16	I17	I18	I19	I20	I21	I22
I9	,086[a]	-,014	,065	-,117	,069	,088	,037	,248	,248	,054	,154	,192	-,002	,103
I10	-,014	,002[a]	-,011	,019	-,011	-,014	-,006	-,040	-,040	-,009	-,025	-,031	,000	-,017
I11	,065	-,011	,049[a]	-,088	,052	,066	,028	,187	,187	,041	,117	,145	-,002	,078
I12	-,117	,019	-,088	,158[a]	-,094	-,119	-,050	-,336	-,335	-,074	-,209	-,260	,003	-,140
I13	,069	-,011	,052	-,094	,056[a]	,071	,030	,199	,199	,044	,124	,154	-,002	,083
I14	,088	-,014	,066	-,119	,071	,089[a]	,038	,252	,252	,055	,157	,195	-,002	,105
I15	,037	-,006	,028	-,050	,030	,038	,016[a]	,107	,107	,023	,067	,083	-,001	,045
I16	,248	-,040	,187	-,336	,199	,252	,107	,711[a]	,710	,156	,443	,551	-,006	,296

	I9	I10	I11	I12	I13	I14	I15	I16	I17	I18	I19	I20	I21	I22
I17	,248	-,040	,187	-,335	,199	,252	,107	,710	,709[a]	,156	,442	,550	-,006	,296
I18	,054	-,009	,041	-,074	,044	,055	,023	,156	,156	,034[a]	,097	,121	-,001	,065
I19	,154	-,025	,117	-,209	,124	,157	,067	,443	,442	,097	,276[a]	,343	-,004	,185
I20	,192	-,031	,145	-,260	,154	,195	,083	,551	,550	,121	,343	,427[a]	-,005	,230
I21	-,002	,000	-,002	,003	-,002	-,002	-,001	-,006	-,006	-,001	-,004	-,005	5,138E-005[a]	-,003
I22	,103	-,017	,078	-,140	,083	,105	,045	,296	,296	,065	,185	,230	-,003	,124[a]

	I9	I10	I11	I12	I13	I14	I15	I16	I17	I18	I19	I20	I21	I22
I9		,040	,235	-,044	,087	-,039	-,252	-,142	-,132	,153	-,099	-,114	-,116	,042
I10	,040		,039	,042	,249	-,209	,047	-,083	-,096	-,113	,051	,062	-,047	-,027
I11	,235	,039		,254	,454	-,024	,137	-,036	-,159	-,113	-,155	-,058	,171	,011
I12	-,044	,042	,254		,138	-,281	,235	,147	,118	-,082	-,011	,077	,189	,183
I13	,087	,249	,454	,138		-,114	-,007	-,094	-,138	-,068	-,043	-,157	,377	,179
I14	-,039	-,209	-,024	-,281	-,114		,124	,140	,071	-,164	-,026	-,093	-,339	-,234
I15	-,252	,047	,137	,235	-,007	,124		,031	,142	-,238	,075	-,113	,537	,133
I16	-,142	-,083	-,036	,147	-,094	,140	,031		-,133	,019	-,240	,029	,083	-,117
I17	-,132	-,096	-,159	,118	-,138	,071	,142	-,133		-,028	-,191	-,083	,064	-,099
I18	,153	-,113	-,113	-,082	-,068	-,164	-,238	,019	-,028		-,252	-,126	-,101	-,007
I19	-,099	,051	-,155	-,011	-,043	-,026	,075	-,240	-,191	-,252		,011	-,081	,242
I20	-,114	,062	-,058	,077	-,157	-,093	-,113	,029	-,083	-,126	,011		-,100	-,280

I21	-,116	,047	-,171	,189	,377	-,339	,537	,083	,064	-,101	-,081	-,100	,066
I22	,042	-,027	,011	,183	,179	-,234	,133	-,117	-,099	-,007	,242	-,280	,066

Extraction Method: Principal Component Analysis.

a. Reproduced communalities

b. Residuals are computed between observed and reproduced correlations. There are 69 (75,0%) nonredundant residuals with absolute values greater than 0.05.

Fuente: Moreno (2023)

Tabla 44. Matriz de correlaciones residuales para el factor conativo

Matriz de Correlación Reproducida

	I23	I24	I25	I26	I27	I28	I29	I30	I31	I32	I33	I34	I35	I37
I23	,035[a]	-,089	,079	,014	,099	,121	,008	,120	,028	,105	,101	-,023	,127	,025
I24	-,089	,230[a]	-,202	-,035	-,255	-,312	-,020	-,309	-,072	-,269	-,259	-,059	-,326	-,065
I25	,079	-,202	,178[a]	-,031	-,225	-,275	-,018	-,272	-,064	-,237	-,228	-,052	-,287	-,057
I26	,014	-,035	-,031	,005[a]	,039	,047	,003	,047	,011	,041	,039	-,009	,049	,010
I27	,099	-,255	-,225	,039	,284[a]	,347	,022	,344	,080	,299	,288	-,066	,362	,072
I28	,121	-,312	-,275	,047	,347	,425[a]	,027	,421	,098	,366	,352	-,080	,443	,089
I29	,008	-,020	-,018	,003	,022	,027	,002[a]	,027	,006	,024	,023	-,005	,028	,006

121

I30	,120	-,309	,272	,047	,344	,421	,027	,416[a]	,097	,362	,348	-,080	,439	,088
I31	,028	-,072	,064	,011	,080	,098	,006	,097	,023[a]	,085	,082	-,019	,103	,021
I32	,105	-,269	,237	,041	,299	,366	,024	,362	,085	,315[a]	,303	-,069	,382	,076
I33	,101	-,259	,228	,039	,288	,352	,023	,348	,082	,303	,291[a]	-,067	,367	,073
I34	-,023	,059	-,052	-,009	-,066	-,080	-,005	-,080	-,019	-,069	-,067	,015[a]	-,084	-,017
I35	,127	-,326	,287	,049	,362	,443	,028	,439	,103	,382	,367	-,084	,462[a]	,092
I37	,025	-,065	,057	,010	,072	,089	,006	,088	,021	,076	,073	-,017	,092	,018[a]
I23		-,049	,068	,075	,080	-,065	,135	,068	,239	-,373	-,062	-,124	-,182	,206
I24	,049		,056	,109	,107	,285	-,054	,176	-,050	,113	-,154	-,025	-,070	,187
I25	,068	,056		-,125	-,123	-,092	,058	,111	,008	-,177	-,379	-,189	-,007	,090
I26	,075	,109	-,125		,216	-,222	,001	,312	-,279	,133	,311	-,324	-,183	-,075
I27	,080	,107	-,123	-,216		-,113	-,010	-,031	,031	-,062	-,112	-,071	-,179	,049

Matriz Residual[b]

I28	,065	-,285	-,092	-,222	,113		-,179	-,174	-,235	-,081	-,120	-,154	-,059	-,005
I29	,135	-,054	-,058	,001	,010	,179		-,172	-,064	-,018	-,081	-,280	-,241	-,236
I30	,068	,176	,111	-,312	,031	-,174	-,172		-,012	-,139	-,158	,187	-,092	,190
I31	,239	-,050	-,008	,279	-,031	-,235	-,064	-,012		-,029	,092	,063	-,103	-,116
I32	-,373	-,113	-,177	-,133	-,062	-,081	-,018	-,139	-,029		-,032	-,109	-,146	-,035
I33	-,062	-,154	-,379	-,311	-,112	-,120	,081	-,158	-,092	-,032		,071	,048	-,382
I34	-,124	-,025	-,189	-,324	,071	-,154	-,280	,187	,063	,109	-,071		,166	,319
I35	,182	,070	-,007	,183	,179	,059	-,241	,092	,103	,146	-,048	-,166		-,011
I37	,206	,187	,090	-,075	,049	-,005	-,236	-,190	,116	-,035	,382	-,319	-,011	

Extraction Method: Principal Component Analysis.
a. Reproduced communalities
b. Residuals are computed between observed and reproduced correlations. There are 74 (81,0%) nonredundant residuals with absolute values greater than 0.05.
Fuente: Moreno (2023)

Tabla 45. Matriz de correlaciones residuales para el factor conductual

Reproduced Correlations

		I38	I48	I49	I50	I51	I52
Reproduced Correlation	I38	,091[a]	,254	,189	-,110	,057	,114
	I48	,254	,711[a]	,528	-,307	,160	,318
	I49	,189	,528	,391[a]	-,228	,118	,236
	I50	-,110	-,307	-,228	,133[a]	-,069	-,138
	I51	,057	,160	,118	-,069	,036[a]	,071
	I52	,114	,318	,236	-,138	,071	,143[a]
Residual[b]	I38		-,191	-,049	,177	,134	-,114
	I48	-,191		-,169	,049	-,113	-,108
	I49	-,049	-,169		,267	-,196	-,236
	I50	,177	,049	,267		,012	,138
	I51	,134	-,113	-,196	,012		-,001
	I52	-,114	-,108	-,236	,138	-,001	

Extraction Method: Principal Component Analysis.
a. Reproduced communalities
b. Residuals are computed between observed and reproduced correlations. There are 11 (73,0%) nonredundant residuals with absolute values greater than 0.05.
Fuente: Moreno (2023)

4.2.2. *Análisis de confiabilidad unidimensional de consistencia interna de ítems (ACCII) de cada cuestionario*

Una vez que se ha demostrado la suficiencia estadística de los datos, los supuestos de la regresión factorial, la unidimensionalidad y validado cada modelo unidimensional, entonces se puede estimar la confiabilidad de consistencia interna de ítems de cada cuestionario de la encuesta.

Esta se realiza un ACCII a cada factor (ACCII-Fi) de CA unidimensional y el ACCII global (ACCII-G) del constructo será la media aritmética de los cuatro ACCII-Fi.

Ya en la modelación anterior se probó la validez convergente del cada cuestionario, es decir la validez de cada factor del constructo por separado, según las recomendaciones de JASP Team (2023).

Para probar que las variables factores (F) subyacente en el constructo CA, que se espera (hipótesis) que estén relacionados (CA~f(F1, F2, F3, F4).

Dado que algunos supuesto de los análisis multivariado paramétrico, analizados en las secciones anteriores, no se cumplen totalmente, el análisis multivariado unidimensional y multidimensional paramétrico ACCII, por seguridad se realiza con el λ6 de Guttman y el Greatest lower bound (glb: Límite inferior máximo).

En las tablas 45, 46, 47 Y 48, se muestran los resultados del análisis de confiabilidad unidimensional frecuentista, y usando análisis de factor común (PFA: Principal Factor Analysis), con los datos corregida la aquiescencia.

Tabla 46. Análisis de confiabilidad unidimensional frecuentista: Factor afectivo

Estimate	McDonald's ω	Cronbach's α	Guttman's λ2	Guttman's λ6	Greatest Lower Bound
Point estimate	0.523	0.471	0.518	0.535	0.718
95% CI lower bound	0.129	0.135	0.192	0.315	0.606
95% CI upper bound	0.722	0.696	0.719	0.790	0.903

Fuente: Moreno (2023)

Tabla 47. Análisis de confiabilidad unidimensional frecuentista: Factor cognitivo

Estimate	McDonald's ω	Cronbach's α	Guttman's λ2	Guttman's λ6	Greatest Lower Bound
Point estimate	0.556	0.522	0.583	0.750	0.858
95% CI lower bound	0.001	0.210	0.272	0.734	0.860
95% CI upper bound	0.743	0.728	0.772	0.958	0.981

Fuente: Moreno (2023)

Tabla 48. Análisis de confiabilidad unidimensional frecuentista: Factor conativo

Estimate	McDonald's ω	Cronbach's α	Guttman's λ2	Guttman's λ6	Greatest Lower Bound
Point estimate	0.623	0.626	0.668	0.775	0.899
95% CI lower bound	0.255	0.389	0.533	0.792	0.913
95% CI upper bound	0.762	0.786	0.782	0.957	0.986

Fuente: Moreno (2023)

Tabla 49 Análisis de confiabilidad unidimensional frecuentista: Factor conductual

Estimate	McDonald's ω	Cronbach's α	Guttman's λ2	Guttman's λ6	Greatest Lower Bound
Point estimate	0.488	0.359	0.410	0.372	0.578
95% CI lower bound	0.035	-0.079	0.145	0.141	0.415
95% CI upper bound	0.670	0.643	0.630	0.649	0.811

Fuente: Moreno (2023)

Así, los resultados del análisis de CCII unidimensional frecuentista, Indican

Factor afectivo, rango de confiabilidad: 60,6% a 90,3%

Factor cognitivo, rango de confiabilidad: 86,0% a 98,1%

Factor conativo, rango de confiabilidad: 91,3% a 98,6%

Factor conductual, rango de confiabilidad: 41,50 % a 81,10%

El promedio aritmético del constructo CPA se estima en: 69,85% a 92,03%

Se concluye que la confiabilidad de consistencia interna de ítems de la encuesta CPA es buena.

4.3. El Metamodelo Factorial Unidimensional Construido y su Bondad de Ajuste.

4.3.1. *Validación del constructo CA "metamodelo factorial construido"*

4.3.1.1. El metamodelo factorial unidimensional construido y su bondad de ajuste

En la tabla 50 siguiente se muestra cada modelo de cada factor, que valida la estructura subyacente del constructo teórico propuesto. El procedimiento de extracción fue de análisis de componentes principal, con rotado Varimax y normalización Kaiser. Modelo para cuatro factores, F1=RC1: Afectivo, F2=RC2: Cognitivo, F3=RC3: Conativo y F4=RC4: Conductual. Se muestra el metamodelo lineal aditivo de 1er orden, un sistema de ecuaciones o metamodelo de simulación del constructo CPA.

Tabla 50. Metamodelo factorial predictor del constructo CA

Factor	Modelo factorial unidimensional
F1 =	$0{,}344*I_1+0{,}089*I_2+0{,}274*I_3+0{,}290*I_4+0{,}409*I_5+0{,}045*I_6+0{,}137*I_7+0{,}193*I_8$
F2 =	$0{,}107*I_9 -0{,}017*I_{10}\ 0{,}081*I_{11} -0{,}141*I_{12} +0{,}086*I_{13} +0{,}109*I_{14} +0{,}046*I_{15} +0{,}308*I_{16} +0{,}308*I_{17}+0{,}068*I_{18}+0{,}192*I_{19} +0{,}239*I_{20}-0{,}003*I_{21}+0{,}128*I_{22}$
F3 =	$0{,}069*I_{23}-0{,}177*I_{24}+0{,}156*I_{25}+0{,}027*I_{26} +0{,}0197*I_{27} +0{,}241*I_{28} +0{,}016*I_{29} +0{,}239*I_{30} +0{,}056*I_{31}+0{,}208*I_{32}+0{,}200I_{33}-0{,}046*I_{34}+0{,}252*I_{35}+0{,}050*I_{37}$
F4 =	$0{,}201*I_{38}+0{,}560*I_{48}+0{,}416*I_{49}-0{,}242*I_{50}+0{,}126*I_{51}+0{,}251*I_{52}$

Fuente: Moreno (2023)

En cuanto a la bondad de ajuste del metamodelo, esto se ha venido probando, por ejemplo véase la matriz de correlaciones reproducidas y la matriz de residuales reproducidas.

4.4.- Datos y resultados prospectivos que se corresponden con las opiniones expresadas en el cuestionario.

-.Dimensión afectiva

En general se muestra poco sentimientos de preocupación por el estado crítico de los bienes y servicios ambientales (BySA), con un bajo el grado de adhesión a valores culturales favorables a la protección de estos.

Hay un bajo grado de valoración de la gravedad vigente en cuanto a la dotación de agua y, una baja preocupación personal en cuanto a prioridad por estos problemas, lo jerarquizan por debajo de sus prioridades socioeconómicas.

-. Dimensión cognitiva

La comunidad de Villa Universitaria se muestra en general desinformada sobre tópicos relevantes y vigentes ambientales, tanto por desconocimiento como por falta de acceso; mostrándose un déficit cognitivo en la percepción que los bienes y servicios ambientales están en crisis y su destrucción como una gran anomalía vigente; no obstante, consideran que su actividad cotidiana personal no tiene gran influencia ambiental y muestran un bajo sentido de responsabilidad con el problema.

Los resultados muestran que la comunidad Villa Universitaria en general presentan un deficitario grado de información y conocimiento acerca de la problemáticas ambientales así como de reciclaje de aguas grises y sus potencialidades; hay un alto grado de irresponsabilidad personal y de manera de actuar, ya que las personas en general piensan que no contaminan debido a que el sistema de aseo urbano y el sistema de cloacas urbano recoge sus residuos.

Conocen que existen normas, leyes políticas, excelentemente escritas, pero que no se consolida su ejecución y, que además son violadas y soterradas por la corrupción.

Hay en general un alto déficit de conocimiento especializado en cuanto a la operatividad estructural de los ecosistemas y su biodiversidad. Concurrentemente no hay cultura de creación de bienes y servicios ambientales, solo cultura de uso monetizado para extraer la máxima ganancia, sin reposición y sin pago por ello.

-. Dimensiones activa y conativa

Hay opinión positiva de actitud (disposición) hacia participar en actividades de carácter pro ambiental, sin embargo la conducta es contraria, es decir no lo hacen. Se detecta alguna motivación en cuanto a la posibilidad de reciclaje de aguas grises pero no hay conducta competente bajo las circunstancias vigentes.

Dimensión activa o conductual

En la comunidad Villa Universitaria hay un deficitario comportamiento ambiental de carácter privado, como el consumo ecológico, el ahorro de energía, el reciclado de aguas grises, entre otros;

Hay un deficitario comportamiento ambiental colectivo, que incluye conductas públicas o simbólicas, de expresión de apoyo a la protección ambiental, como la colaboración con colectivos que reivindican la defensa del medio ambiente, la realización de donativos, la participación en manifestaciones.

No hay cultura activa de pago de impuestos ni de uso de los bienes y servicios y el pago de penas por deterioro, daño y extinción, no está desarrollado.

-. Dimensión conativa o disposicional

En la comunidad Villa Universitaria hay poca disposición a aceptar prohibiciones, limitaciones o penalizaciones en relación al uso y con prácticas perjudiciales para el ambiente o la disposición a pagar incentivos o a actuar con criterios ecológicos a costa de reducir beneficios económicos.

Hay una baja percepción o valoración de conductas deseables (lo que no implica la acción personal), igualmente hay valoración positiva de algunas conductas no deseables, que son tradicionales.

Los modelos gráficos de ruta para cada modelo de cada factor de la tabla 49 Anterior, se muestra a continuación (figura 6 Siguiente); véase como reproduce los coeficientes más ponderados de las ecuaciones, con líneas gruesas y más intensas los ítems que más influencia a la CA afectiva. Además véase que tanto el factor cognitivo como el conativo, pareciera que no son estrictamente unidimensionales, ya que el modelo discrimina los ítems en dos grupos distintos, pero altamente relacionados, por lo que se pueden considerar que todos los factores son unidimensionales.

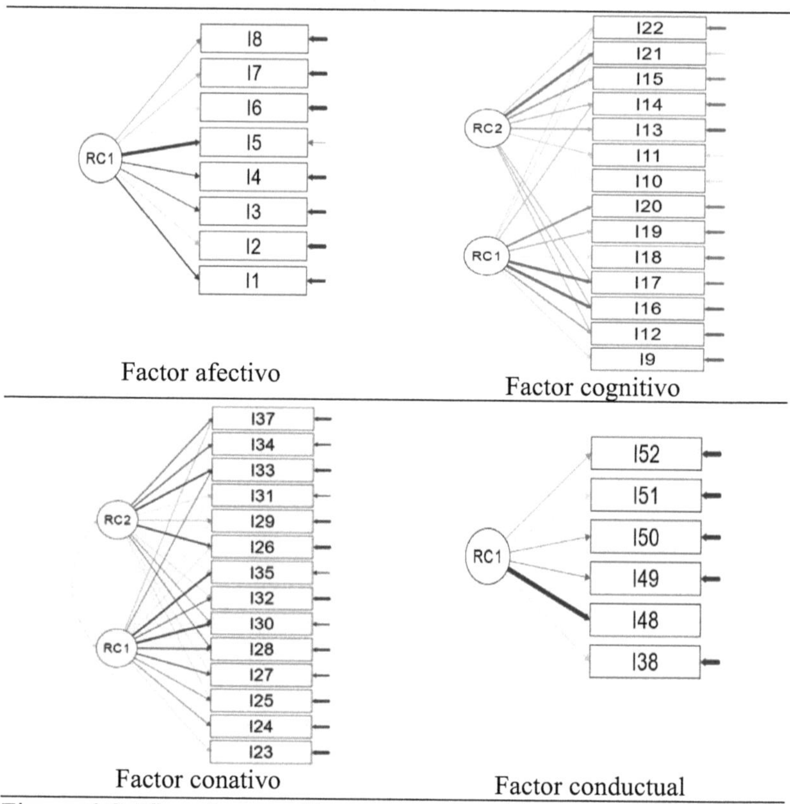

Figura 6.Gráfico de ecuación estructural unidimensional para los 04 factores

Para explicar algunas actitudes (medidas como opiniones ponderadas cuantitativamente) y conductas hacia la problemática ambiental se puede utilizar la Teoría de la Acción razonada y comportamiento Planeado (Ajzen, 2015). Ambos modelos se basan en la premisa de que los individuos toman decisiones lógicas y razonadas para participar en comportamientos específicos mediante la evaluación de obligatoria de disponibilidad de datos, información y conocimientos que motiven. El desempeño de un comportamiento está determinado por la intención del individuo de participar en él (influenciado por el valor que el individuo le da al comportamiento, la facilidad con la que se puede realizar y las opiniones de otras personas importantes) y la percepción de que el comportamiento está dentro de su control.

Estos modelos para la predicción y el entendimiento de la conducta de las personas, indican que esta está condicionada por la motivación y la competencia.

Ambos factores, actuando conjuntamente, determinan uno u otro comportamiento.

Así que, aun teniendo conocimientos de ocurrencia del hecho, de que lo causa y las consecuencias, definitivamente es la motivación la que determina la conducta.

Por un lado, la actitud (lo que se cree se debe hacer) y, por otro, la norma social (lo que se cree que se debería hacer, es decir, la presión de grupo); ni siquiera el sentir que puede ser penado por la ley.

Es sabido que la actitud y las normas sociales, conjuntamente a la disposición de datos, información y conocimientos, definen la motivación o intención hacia un comportamiento, el querer o no querer realizar una acción concreta.

La competencia, por otro lado, es definida con base en tres términos:

1. Capacidad personal, lo que realmente la persona puede hacer,

2. La autoeficacia, se refiere a la percepción personal de lo que puede hacer y hasta dónde puede llegar.

3. Las oportunidades contextuales, incluye el escenario o ambiente que facilita o dificulta que ese comportamiento se lleve efectivamente a cabo.

Aplicando esta teoría a los resultados obtenidos del análisis de los datos (alta deficiencia de conciencia pro ambiental sustentables en los 04 factores medidos), determinados como opinión ponderada cuantitativamente en la escala del 0 al 5, respecto a hábitos, actitudes y conductas de la comunidad Villa Universitaria en relación con el cuidado de los bienes y servicios ambientales, se puede interpretar que, en ocasiones, se puede estar o no motivados para actuar, pero el contexto no ofrece posibilidades para realizar el comportamiento, o bien se piensa que la conducta aislada no va a ser eficaz. Además, se puede ser competente para actuar pero no estar interesado o dispuesto a comportarse de ese modo, por falta de motivación.

CAPÍTULO V. CONCLUSIONES Y RECOMENDACIONES

5.1. Conclusiones

Con base en los resultados del análisis de los datos y resultados de la encuesta de concienciación ambiental y del análisis prospectivo en la posible reutilización de las aguas grises, en esta investigación se llegaron a las siguientes conclusiones:

-Las aguas grises son una fuente de agua renovable y fiable y debe utilizarse como una fuente alternativa de agua. Sin embargo, la implementación exitosa requiere una opinión y aceptación pública positiva. En esta encuesta realizada en la comunidad Villa Universitaria en San Carlos Cojedes, se pudo observar que la conciencia sobre el agua gris y su reutilización era limitada y el suministro de información para crear conciencia en el tema ayudaría considerablemente en la mejora de la opinión pública.

-Hay una deficitaria concienciación ambiental, fundamentalmente de datos, información y conocimientos (concienciación cognitiva ecosistémica) determinada en la investigación en curso, desprovista de gestión de resolución del conflicto ambiental por parte de la Comunidad Villa Universitaria.

-Hay pobre concienciación cognitiva ecosistémica y por tanto deficientes conductas en tecnologías y un nivel muy deficitario de actuación comunitaria en gestión de revalorización en reciclaje de aguas grises.

5.2. Recomendaciones

En base al análisis de los resultados y de las conclusiones, se permite el dictamen de las siguientes proposiciones y reflexiones finales.

-Se requiere la implantación de un sistema holístico para la gestión de la concienciación ambiental sustentable (CAS) en la Villa Universitaria y que potencie la CAS en la sociedad; aspecto que se aprovecha si se cuenta con una cultura de concienciación pro ambiental adecuada para obtener mayor provecho en la implementación del uso, separación y reutilización de aguas grises.

-Es necesario informar a la comunidad, en el sentido que reconozcan en la concienciación ambiental sustentable el efecto multiplicador que tiene en la comunidad y en el corazón de la familia.

- Diseñar e implementar un modelo operativo para concienciación ambiental de gestión de revalorización (diseño y manejo) de las aguas grises residenciales, dirigido a la comunidad Villa Universitaria San Carlos-Cojedes; como comunidad piloto para posteriormente ser objeto aprobación técnica normativa y ser usado a nivel nacional.

-Instruir a la comunidad a comenzar con tratamiento inicial de aguas residuales en el vecindario; para que una vez superados sus preocupaciones iniciales y justificar su aceptación, el Estado puede instruir a las comunidades a unirse a una planta de tratamiento de aguas grises en comunidades o urbanizaciones medianas.

CAPÍTULO VI, PLAN DE ACCIONES ESTRATEGICAS DE CONCIENCIACIÓN AMBIENTAL PARA LA GESTIÓN OPERATIVA DE REVALORIZACIÓN DE LAS AGUAS GRISES RESIDENCIALES

6.1.- Concienciación Ambiental hacia La enmienda de una comunidad sustentable

Con base en el análisis de los datos de la encuesta de metodología tipo Q-Sort aplicado a la comunidad Villa Universitaria; fundamentado en muestreo sin reposición y análisis fundamentalmente a la cabeza de familia, donde la mayoría son profesionales de la construcción, se propone un plan de acción de concienciación pro ambiental. La encuesta Q-Sort dividido de acuerdo a los 4 cuestionarios, de 04 factores (Afectivo, Cognitivo, Conativo y Conductual); donde los temas propuestos a desarrollar de cada factor en el plan se evaluaron y discriminaron.

6.1.1-. Objetivo general de la propuesta

Diseñar un modelo educativo de concienciación pro ambiental para la gestión operativa de revalorización de las aguas grises residenciales en la urbanización Villa Universitaria San Carlos-Cojedes.

6.1.2-. Objetivo de función social

Contribuir con propuestas estratégicas sobre potencialidades y necesidades de mejora en la gestión de revalorización de aguas grises por parte de la comunidad de Villa Universitaria, en búsqueda de mejorar la sustentabilidad del uso del agua potable como parte de la labor social a la comunidad.

6.1.3.- Objetivo de función técnica

Disponer de una arquitectura holística y sistémica que oriente a los procesos de gestión de revalorización de aguas grises como parte del conflicto ambiental referente a la sustentabilidad en el consumo de agua potable en la comunidad Villa Universitaria; tales como: identificación, captura, almacenamiento, recuperación, revisión, uso y transferencia del conocimiento, centrados en los procesos de concienciación ambiental que debe y tiene que gestionar la comunidad de Villa Universitaria con la finalidad de mejorar la integración con otras disciplinas de gestión. Una arquitectura flexible, que permita el uso e integración de las tecnologías inteligentes existentes y combinarlas.

6.2.- Estrategias programáticas para la concienciación pro ambiental sustentable en la comunidad Villa Universitaria

Las estrategias desde una perspectiva psicosocial conductual que debe desarrollar la comunidad Villa Universitaria para que la misma se dirija hacia su desarrollo sustentable:

1. Autoconciencia ecológica y ambiental en sus cuatro dimensiones (Afectiva, Cognitiva, Disposicional y Activa), específicamente dirigido a los ítems que presentaron baja aceptación.

2. Programa de sustentabilidad y de concienciación ambiental dirigido a las cuatro dimensiones (Afectiva, Cognitiva, Disposicional y Activa), para la comunidad Villa Universitaria, con presentación de suficiencia e índices de gestión de sustentabilidad ambiental, en aquellos ítems que presentaron baja aceptación

3. Programa de sustentabilidad de bienes y servicios ambientales (BySA), con dinámica y fuerte infusión de concienciación ambiental sustentable considerando la influencia de las cuatro dimensiones (Afectiva, Cognitiva, Disposicional y Activa), dirigido a la comunidad de Villa Universitaria.

6.3.- Plan De Educación Ambiental Sustentable Para La Comunidad Villa Universitaria Dirigido A La Gestión Operativa De Revalorización (Diseño Y Manejo) De Las Aguas Grises Residenciales

Con base en los resultados del capítulo IV, se propone formular un plan de educación ambiental sustentable para la comunidad Villa Universitaria, considerando su bajo nivel de concienciación inicial en el proceso de gestión de revalorización de aguas grises como parte de los bienes y servicios ambientales; así como la promoción de la concienciación ambiental sustentable mediante diferentes ítems tales como promoción de la participación, el equilibrio sustentable, manejo de información, acción comunitaria y promoción de la cultura ambiental (ver figura 7).

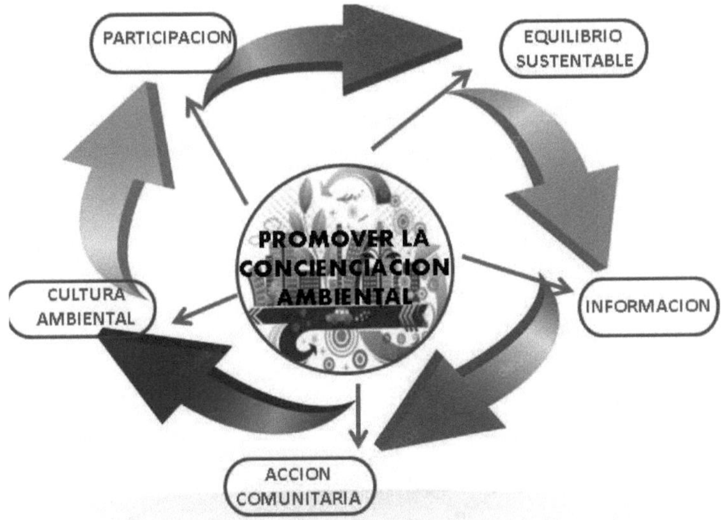

Figura 7 proceso de promoción de la Concienciación Ambiental
Moreno 2.023

En este apartado, con base a los datos, información y resultados
obtenidos en la investigación, se presenta una propuesta que recoge los
principales resultados del trabajo de investigación desarrollado; según
Berenguer y Sánchez, (2017) se deben proponer conocimientos nuevos,
presentados como un sistema consistente de pruebas y conclusiones,
además de describir el procedimiento empleado en la investigación, los
hallazgos y las conclusiones.

Desempeña un papel de gran importancia ya que permite:

-Difundir y divulgar los resultados obtenidos.

- Orientar la posible aplicación de los resultados en la práctica.

-Servir de punto de partida para el inicio de nuevas investigaciones que profundicen en el problema abordado.

En el contenido de la tabla 51 se presentan los 39 Ítems cuyo contenido en el instrumento de validación de variables debe ser reforzado para promover el nivel de aceptación en la concienciación ambiental de la comunidad

Tabla 51 Ítems cuyo contenido en el instrumento de validación de variables debe ser reforzado

VARIABLE	ITEM		% BAJA ACEPTACION
	NUMERO ID	DESCRIPCION	
CONCIENCIACIÓN AMBIENTAL AFECTIVA	I6	La deficiente gestión pública y privada en priorizar la revalorización de los residuos que deterioran los bienes y servicios ambientales.	50
	I9	Concienciación Ambiental Sustentable (CAS)	53,13
	I10	La huella ecológica que el hombre ha dejado en los ecosistemas	59,38
	I11	El grado de deterioro ambiental de los bienes y servicios ambientales	59,38

CONCIENCIACIÓN AMBIENTAL COGNITIVA	I12	Los problemas de sostenibilidad ambiental, especialmente en lo relacionado a la escasez del agua potable.	**59,38**
	I13	El concepto de sustentabilidad y sostenibilidad, que ya no es para proteger el futuro, sino también el presente, que está sufriendo calamidades.	**62,50**
	I14	El grado de deterioro de los cauces naturales de agua como consecuencia de descarga de residuos y desechos urbanos e industriales	**56,25**
	I15	La revalorización de residuos sólidos residenciales	**62,50**
	I16	La revalorización de residuos líquidos residenciales (aguas negras cloacales)	**68,75**
	I17	La revalorización de las aguas grises residenciales	**68,75**
	I18	La creación de capital ecológico a nivel	**75,00**

	I19	personal, colectivo e industrial	
	I19	Sobre reutilización en la misma comunidad de las aguas grises residenciales para la gestión del recurso agua limitado e insustituible.	**71,88**
	I20	El conocimiento de su comunidad (urbanización) de la nueva agenda de desarrollo sostenible 2030 para erradicar la pobreza, proteger el planeta y asegurar la prosperidad para todos	**84,38**
	I21	Tecnologías de sistemas de reciclaje de aguas grises no potable	**59,38**
	I22	Cálculos y gestión de implementación del sistema captura, acondicionamiento (estabilización física, química y microbiológica) y reutilización de aguas grises residenciales	**71,88**
	I24	Estará dispuesto a gestionar las aguas grises para obtener beneficios (económicos-social-	**50,00**

		ambiental) al utilizar aguas grises residenciales recicladas en la comunidad	
CONCIENCIACIÓN AMBIENTAL DISPOSICIONAL O CONATIVA	I25	Aplicar el reciclaje de aguas grises para ayudar en la conservación del medio ambiente ecológico	**62,50**
	I26	Implementar el reciclaje de aguas grises residenciales, tratadas (física, química y microbiológicamente inocuas) es apta para uso doméstico, al menos en sistema de riego y descarga de las heces fecales en w.c.	**65,63**
	I27	Usar las aguas grises recicladas para preservar el agua potable	**68,75**
	I28	Estará dispuesto a recibir instrucción y capacitación para instalar un sistema de reciclaje de aguas grises en su casa, para proteger el medio ambiente y colaborar con la conservación del agua.	**71,88**

	I29	Le gustaría dotar su casa con un sistema de reciclaje de aguas grises (química y biológicamente sanas), que le sirva al menos para su sistema de riego y descarga de heces fecales en su w.c.	**93,75**
	I30	Estar dispuesto a pagar dinero extra para instalar un sistema de tratamiento de reciclaje de las aguas grises en casa	**93,75**
	I31	Instalaría un sistema de reciclaje de aguas grises en su casa si es gratis	**93,75**
	I32	Reutilizaría las aguas grises (física, química y microbiológicamente inocuas) en casa en la descarga del w.c. y en riego para colaborar con el consumo del agua potable	**65,63**
	I33	Estaría de acuerdo en reciclar sus aguas grises : Fregadero de cocina	**90,63**
	I34	Estaría de acuerdo en reciclar sus aguas grises :Lavamanos	**90,63**

	I35	Estaría de acuerdo en reciclar sus aguas grises : Ducha	**81,25**
CONCIENCIACIÓN AMBIENTAL ACTIVA O CONDUCTUAL	I39	Registra su línea base de consumo de energía eléctrica de su casa y los compara contra el consumo máximo potencial de lo instalado en su casa	**100,00**
	I40	El registro en su comunidad del comportamiento del coseno phi como uno de los principales indicadores del rendimiento o nivel de eficiencia en el consumo de energía de su instalación eléctrica.	**100,00**
	I41	Registro del calentamiento en los equipos y conductores, fallas en los variadores de velocidad y pulsaciones de torque en los motores (armónicos de su energía eléctrica producidos en su casa)	**100,00**
	I42	Registro en su urbanismo en forma global de los ítem I38, I39, I40, e I41	**100,00**

	I43	Tiene instalado en su casa generación alternativa de energía eléctrica (planta eléctrica, paneles solares, sistema eólico,…)	**100,00**
	I44	Uso de métodos estándar ISO para identificar y evaluar los desechos de agua que están surgiendo en sus procesos, y posteriormente definir cómo van a ser tratados	**100,00**
	I45	Realiza reciclaje de las aguas en general	**100,00**
	I46	Realiza reciclaje de los residuos sólidos del hogar	**100,00**
	I47	Captura y estabiliza física, químicamente y biológicamente las aguas grises de su casa	**100,00**
	I53		**100,00**

FUENTE: MORENO 2023

Para los 39 ítems señalados se observó un nivel de baja aceptación desde 50 hasta 100% mostrando el impacto negativo al observarse la poca información de la comunidad en términos de concienciación Ambiental, por lo tanto, debe promoverse esta para obtener la aceptación en la gestión de revalorización de las aguas grises, específicamente partiendo de los ítems que no alcanzaron altos niveles de aceptación.

De acuerdo a estos porcentajes de baja aceptación indicados con anterioridad, resulta indispensable la capacitación de la comunidad mediante un plan de educación ambiental para captar una mayor aceptación de los resultados en la práctica, esta nueva posición de la comunidad podría incluso ser considerada en un nuevo proyecto de investigación.

6.3.1.- *Modelo de plan de educación ambiental sustentable*

Con base en el razonamiento anterior, y atendiendo la propuesta de (Dos Reis, N 2020), se formula un plan de educación ambiental sustentable para los grupos de la comunidad Villa Universitaria, de acuerdo al bajo nivel de concienciación en la gestión de revalorización de aguas grises como parte de los bienes y servicios ambientales; así como de formulación de planes de concienciación ambiental sustentable.

Se propone la estructura de un plan de formación en tres fases, a saber:

-Fase inicial o de reflexión, cuya finalidad es concienciar a la comunidad de Villa Universitaria sobre la gestión de revalorización de aguas grises con los fines de vivir una vida plena sin causar efectos ambientales negativos

- Una segunda fase o de consolidación, la cual está direccionada a fortalecer el conocimiento en la comunidad hacia la protección del ambiente y la importancia de la gestión de revalorización de aguas grises;

- Una tercera fase o fase final que es la sistematización de la experiencia del conocimiento obtenido que busca fomentar en los habitantes de Villa Universitaria el uso de estrategias y medidas de revalorización de aguas grises dentro de su ámbito comunal.

A continuación, se muestra a través de la Figura 8, la estructura de la propuesta del Plan de Formación a la comunidad de villa universitaria.

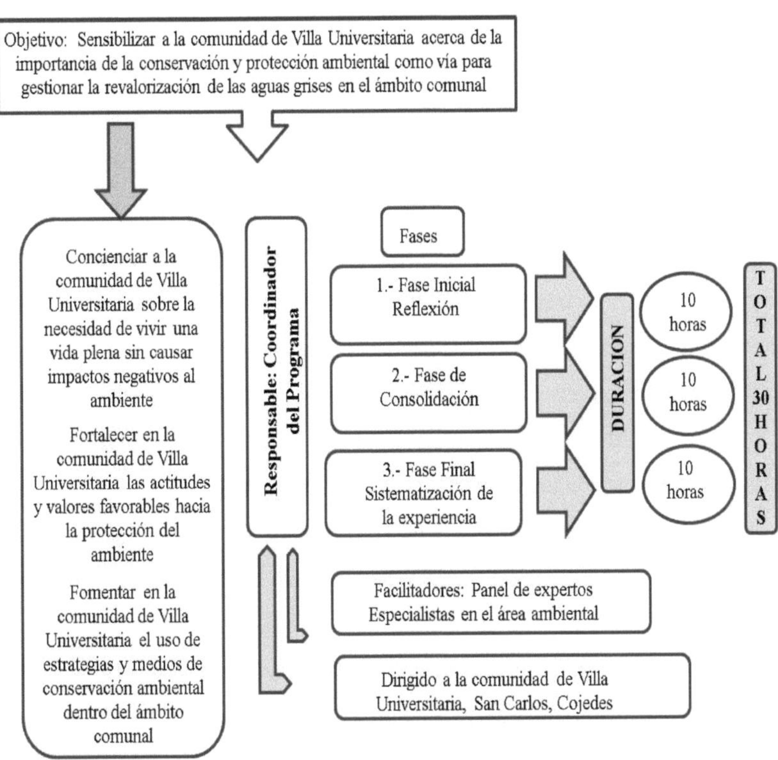

Figura 8 estructura de la propuesta del Plan de Formación a la comunidad de villa universitaria.

Fuente: Dos Reis, 2019

La estructura del plan de formación se acompaña de un plan de acción (Dos Reis, ob cit) entendido este como un espacio para discutir qué, cómo, cuándo y con quien se realizarán las acciones que darán cumplimiento al plan de formación. Los planes de acción constituyen un trabajo en equipo, por lo cual se debe reunir una serie de personas para realizar las tareas predeterminadas, y al momento de desarrollar el proyecto se debe tomar en consideración elementos como que objetivo y cuanto se quiere alcanzar, que calidad se quiere lograr, en cuanto tiempo se quiere realizar, en qué lugar se quiere realizar el programa, con quien y con qué personal o recursos financieros, cómo saber si el objetivo se está alcanzando por medio de la evaluación del proceso y cómo saber si se logró y si tuvo éxito, mediante la evaluación de los resultados obtenidos.

Baños, González y Álvarez (2013), indican que la educación ambiental surge como un instrumento necesario para generar y promover un cambio en la forma de pensar y de conducta en la población con el fin de trabajar a favor de la naturaleza y resolver los problemas ambientales que en ella se susciten.

Es necesario realizar comparaciones, que establezcan las diferencias entre la Educación Ambiental No Formal y Formal. En la educación formal, el programa educativo está protegido por la acreditación curricular y de capacitación de una institución educativa oficial con cierto nivel de reconocimiento; por otra parte, la no formal (el caso que nos ocupa), es la transmisión de conocimientos, aptitudes y valores ambientales fuera del sistema educativo institucional.

Son varios los estudios con aportes y entramados teóricos que definen desde diversos escenarios y puntos de vista la Educación Ambiental No Formal (EANF), en la que diversos autores se destacan, por

ejemplo: Reyes (2010); Montero (2011); Aranzazu, y Camilo (2014);
Villadiego-Larduy et al. (2014)); Huerta, Colás, y Valentí (2016); Santana
(2017); entre otros.

A continuación se presentan en la Figura 9 los objetivos de cada fase
del plan de acción no formal que completa la propuesta del plan de
formación de la comunidad Villa Universitaria, que comprenda la
aceptación de actitudes positivas hacia el medio natural y social, enfocados
en la gestión de revalorización de aguas grises, que se manifieste en
acciones de cuidado y respeto por la diversidad biológica y cultural, como
reto primordial para el siglo XXI.

	1	**2**	**3**
ESTRUCTURACION DE LA PROPUESTA	**Fase Inicial** **Reflexión** Reflexión: reflexionar acerca de las acciones y medidas para concienciar a la comunidad de Villa Universitaria sobre la gestión de revalorización de aguas grises con los fines de vivir una vida plena sin causar efectos ambientales negativos, y así permitir el uso de nuevas técnicas y tecnologías que generen los menores impactos negativos del ambiente	**Fase de** **Consolidación:** Consolidación: alcanzar la comprensión teórico práctica sobre la temática ambiental y sus problemas conexos y direccionados a fortalecer el conocimiento en la comunidad hacia la protección del ambiente y la importancia de la gestión de revalorización de aguas grisesque contribuyan a la participación activa y al compromiso de la comunidad en pro del desarrollo sustentable	**Fase Final** **Sistematización de la** **experiencia** Consolidar el aprendizaje significativo de la comunidad Villa Universitaria, por medio de la experiencia del conocimiento obtenido que busca fomentar en los habitantes de Villa Universitaria el uso de estrategias y medidas de revalorización de aguas grises dentro de su ámbito comunalde tal manera que contribuyan a la solución de los problemas ambientales
Sensibilizar a la comunidad de Villa Universitaria acerca de la importancia de la conservación y protección ambiental en el ámbito de su comunidad			

Figura 9 objetivos de cada fase del plan de acción no formal Fuente: Dos Reis, 2019

6.3.2.- *Reflexión:*

CREAR CONCIENCIA ACERCA DE LA IMPORTANCIA SUSTENTABLE DE LA REUTILIZACION DE AGUAS GRISES EN UNA EDIFICACION

El agua y la sustentabilidad

Se plantea un posible colapso en la disponibilidad de agua potable, producto del inadecuado consumo presentando en los últimos años, se han venido implementando estudios, para reducir en un alto porcentaje el consumo de agua desde la calle, mediante sistemas de reciclaje de aguas grises, por ejemplo.

Nuestro país no se queda atrás ante los problemas de desabastecimiento y la necesidad de planteamiento de soluciones tempranas para prevenir la crisis producto del uso irracional del agua, con la necesidad de incorporar proyectos de tipologías edificatorias sustentables, y velar por su fomento y cumplimiento, como un proceso de atención preventiva a los problemas del agua que se están presentando.

La gestión en la recuperación de aguas residuales, se pueden utilizar como una posible herramienta para combatir la disminución de la calidad y la escasez de este recurso, estos son consideradas como grandes problemas de nuestro tiempo producto del dramático aumento de la población mundial que se estima que alcanzará los 9.000 millones para 2050. El aumento de la preocupación por estos temas obliga tanto a los académicos y al sector público a encontrar recursos alternativos que podrían aliviar la escasez de agua y el deterioro de su calidad.

La separación de las aguas residuales domésticas posteriormente recicladas y reutilizadas ayuda a eliminar importantes elementos contaminantes presentes en las mismas, se denominan aguas grises y consisten en la corriente que resultaría de la separación independiente de las aguas residuales domésticas ya sea en dos o tres fuentes o componentes. Contendría todo excepto las aguas residuales del inodoro, aguas grises consistirá en aguas residuales de diferentes fuentes funcionales en los hogares tales como bañeras, duchas, lavamanos, lavaderos, fregaderos y lavadoras.

Las aguas grises constituyen el 75% que cubre normalmente toda la demanda de agua de descarga sin contar el 25% que representa el inodoro de baño, Contiene menor cantidad de contaminantes, 3% de nitrógeno, 10% fósforo y alrededor de 40% materia orgánica en aguas residuales domésticas convencionales; la regeneración y reutilización de esta fuente alternativa renovable presenta un beneficio evidente.

El reciclaje de aguas grises puede ayudar a mitigar el aumento de la demanda de agua proveniente de los recursos naturales. A pesar de que diferentes tipos de aguas grises pueden mostrar una variabilidad en términos de su constitución, la reutilización no potable de aguas grises ha sido comúnmente reconocido para varios usos finales como el inodoro descarga de agua reduciendo el consumo desde un 25%, también se propone a nivel urbano usos municipales como extinción de incendios y calles limpieza, paisajismo, riego, etc. en varios lugares del mundo.

Se entiende por desarrollo sustentable, aquel que permita compatibilizar el uso de los recursos con la conservación de los ecosistemas de dónde se extraen y en dónde se utilizan. Así pues, en el caso del agua, las buenas prácticas en gestión de este recurso serán las que tengan por finalidad disminuir el gasto, su consumo y reutilizando al máximo el suministro, extrayéndola y devolviéndola con el menor deterioro posible a los ecosistemas originarios.

El Agua como Servicio Básico.

El agua es considerada en nuestra sociedad como un recurso fundamental para la vida y por ende de primera necesidad, que debe estar garantizado para ser utilizados en nuestras actividades diarias. Es por ello que la Organización de Naciones Unidas declaro en 2010 al agua potable y el saneamiento como un derecho esencial para el pleno disfrute de nuestra vida.

Uso de las aguas en las actividades domestica

Aproximadamente el 90% de las aguas potables utilizadas en una edificación son enviadas a los sistemas cloacales, de ese porcentaje se generan tres con diferentes tipos de aguas.

- 40% Se convierte en aguas negras, provenientes del W.C
- 50% Provenientes de otras piezas sanitarias.
- 10% Aguas que no son integradas al sistema de cloacas.

Además de estos porcentajes de aguas podemos dividir el consumo por pieza sanitaria, y así tener un estimado del gasto que genera cada una de las piezas y con esto determinar el volumen de agua a ser reciclada.

Eficiencia Energética:

El uso de energía eléctrica en viviendas obedece a varias necesidades, entre ellas la de preparar y conservar alimentos, calentar agua, la iluminación y la climatización.

Para llevar a cabo cada uno de estos procesos se requiere de un alto gasto de energía que no es renovable, pues proviene del petróleo, el gas y el carbón.

Alrededor de 90% de la energía que se consume en el país es no renovable. El 20% del consumo total corresponde al sector residencial. Además, por la tecnología que se utiliza para generar la energía y el origen de ésta, la mayoría de las construcciones que habitamos no pueden ser consideradas sustentables.

Sin embargo, tener una vivienda sustentable es posible si se piensa en un diseño más adecuado, que considere el tipo de clima del lugar en donde se construye, la orientación de las ventanas y su control solar, los materiales que se utilicen para que se climatice de manera natural, así como el uso de tecnología para el aprovechamiento del Sol, el viento y otras energías renovables.

¿Qué es la eficiencia energética eléctrica?

La eficiencia energética eléctrica es la reducción de las potencias y energías demandadas al sistema eléctrico, pero sin que afecte a las actividades normales realizadas en edificios, industrias o cualquier proceso de transformación.

Una instalación eléctricamente eficiente permite su optimización técnica y económica, consiguiendo de esta manera, la reducción de sus costes técnicos y económicos de explotación.

Un estudio de ahorro y eficiencia energética comporta tres puntos básicos:

•	Ayudar a la sostenibilidad del sistema y medio ambiente mediante la reducción de emisiones de CO_2 al reducir la demanda de energía.

•	Mejorar la gestión técnica de las instalaciones aumentando su rendimiento y evitando paradas de procesos y averías.

•	Reducción del coste económico de la energía y del coste económico de explotación de las instalaciones.

Para averiguar si en una vivienda se realiza una adecuada eficiencia energética, hay que tomar en consideración distintos indicadores que miden los consumos de energía durante un periodo de tiempo determinado. La eficiencia energética está íntimamente ligada a la intensidad de la energía pero de modo inversamente proporcional: cuanta más intensidad energética utilicemos en el hogar, menor será la eficiencia eléctrica que estamos llevando a cabo.

El coseno de phi, es lo que llamamos factor de potencia, el factor de potencia representa el desfase entre la potencia aparente y la potencia real.

La potencia aparente es el total de potencia suministrada por la empresa, la potencia Real es la que necesita el equipo para operar, además de la corrección de los armónicos generados, una problemática mundial con el uso de circuitos electrónicos domésticos e industrial.

En los circuitos de corriente alterna, las amplitudes de la tensión y la corriente cambian continuamente a lo largo de un tiempo. Como la potencia es el voltaje por la corriente, se maximizará cuando las corrientes y los voltajes estén alineados entre sí.

6.3.3.- *Consolidación:*

Sistemas domestico de reciclaje de aguas grises:

Las aguas grises son aguas con menos grado de contaminantes que las aguas negras, estas aguas pueden ser recicladas para ser reutilizadas, en otras actividades que no requieren el eso de agua potable, pero hasta hoy la evacuación de las aguas grises se realiza de forma unitaria con las aguas negras.

Según la OMS (2003), es posible reducir el consumo de agua de una vivienda hasta en un 40%, mediante el tratamiento de aguas grises, utilizando sistemas de recolección que conduzcan estas aguas a estanques donde se pueda realizar un tratamiento seguro para eliminar la mayoría de los agentes contaminantes de origen químicos y luego ser reutilizados en otras actividades que no requieran el uso de aguas potable.

Determinación de las características de las aguas grises

Química: sustancias que pudieran encontrarse en el agua tales como sales y minerales (nitrato, nitrito, arsénico, mercurio etc...) y mucho más generado por la actividad humana además de jabones, detergentes y medicamentos, que generalmente son vertidos en estas aguas y deben ser eliminados cuando las mismas van a ser realizadas en otros fines.

Biológico: estas son microorganismo patógeno para el ser humano producidos por los materiales orgánicos que son drenados por las tuberías. Los cuales son eliminados utilizando productos químicos en pequeñas cantidades, como el cloro.

Conociendo ya los agentes que son comunes en las aguas grises, sabríamos que procedimiento podemos implementar para darle un tratamiento moderado a estos líquidos, y así proceder a reutilizar estas aguas en otras actividades que no necesariamente requieren agua potable

Validación de la calidad del agua mediante ensayos

Con el fin de validar que las aguas grises cumplan con el Decreto 174040 referente a las Normas oficiales para la calidad del agua de Venezuela de fecha 11 de octubre de 1995 referente CAPITULO II, de la clasificación de las aguas, Artículo 3°: La tabla 52, muestra a continuación la clasificación de las aguas destinadas al uso doméstico y al uso industrial:

<table>
<tr><td>Tipo 1 Aguas destinadas al uso doméstico y al uso industrial que requiera de agua potable o no:</td></tr>
<tr><td>Sub-Tipo 1B: Aguas que pueden ser acondicionadas por medio de tratamientos convencionales de coagulación, floculación, sedimentación, filtración y cloración.</td></tr>
<tr><td>Sub-Tipo 1C: Aguas que pueden ser acondicionadas por proceso de potabilización no convencional.; y los parámetros físicos y químicos, se realiza validación del agua mediante algunos ensayos de laboratorio teniendo en cuenta que el destino del agua a reutilizar no será consumo humano sino lavado de ropa y otras actividades de aseo en el hogar.</td></tr>
</table>

tabla 52, clasificación de las aguas destinadas al uso doméstico y al uso industrial Fuente: Decreto 1744040

La figura 10 a continuación indica los componentes relativos a la calidad organoléptica del agua potable:

Componentes o Características	Unidad	Valor Desable menor a	Valor Máximo Aceptable (a)
Color	UCV(b)	5	15(25)
Turbiedad	UNT(c)	1	5(10)
Olor o Sabor	--	Aceptable para la mayoría de los consumidores	
Sólidos Disueltos Totales	mg/L	600	1000
Dureza Total	mg/LcaCo3	250	500
pH	--	6,5-8,5	9,0
Aluminio	mg/L	0,1	0,2
Cloruro	mg/L	250	300
Cobre	mg/L	1,0	(2,0)
Hierro Total	mg/L	0,1	0,3 (1,0)
Manganeso Total	mg/L	0,1	0,5
Sodio	mg/L	200	200
Sufato	mg/L	250	500
Cinc	mg/L	3,0	5,0

Figura 10 componentes relativos a la calidad organoléptica del agua potable: Fuente Gaceta Oficial 36.395

Se requerirá un laboratorio autorizado, para realizar pruebas de laboratorio confiables que permiten evaluar características del agua obtenida del producto de uso domiciliario, el principal objetivo de las pruebas de laboratorio que se realizan es la determinación del grado de contaminación de las aguas grises, para decidir qué tipos de tratamiento requiere para el diseño del sistema, también se evaluará su composición una vez tratadas.

Se deberán identificar la presencia de coloides: Fecales y Microorganismos, la Escherichia Coli es uno de los microorganismos más estudiados y analizados por el hombre, puede causar infecciones intestinales y extra intestinales generalmente graves, tales como infecciones del aparato excretor, vías urinarias, cistitis, meningitis, peritonitis, mastitis, septicemia y neumonía, aun cuando estas aguas recicladas no se usarán para consumo humano. Por ello, su presencia es un indicador de contaminación fecal.

Ph (Potencial de Hidrógeno). Para determinar el pH de las muestras se recurre al pH-metro, el PH aceptable debe estar entre 6.5 a 8.5 unidades, sin embargo, debe ser tratado químicamente.

Para el caso propuesto de depuración de aguas residuales grises, el proceso resulta complejo, al requerir de la tecnología apropiada para controlar todas las variables fisicoquímicas y microbiológicas.

Se podría definir estos tratamientos como terciarios o afines; también como aquellos asignados a conseguir un efluente de calidad destinado a la reutilización. para este trabajo de investigación, los procesos de filtración y absorción se considerarán como aquellos que nos van a proporcionar un recurso doméstico con unas características compatibles y aceptables para su reciclaje a falta, como mínimo, de un proceso de desinfección.

Proceso de detección de componentes

Puede definirse al agua gris como el líquido residual domiciliario proveniente de duchas, máquinas de lavar, piletas, entre otros, (Gross et al. 2007). La calidad del agua gris depende de las actividades de la población que la origina y de su procedencia.

Este líquido residual contiene detergentes, shampoo, aceites, grasas y diversas sustancias químicas. La contaminación más significativa proviene de los detergentes. En este tipo de agua también puede encontrarse bacterias, parásitos y virus aportados por el agua de ducha, lavaderos y fregaderos. Si bien el agua gris contiene menor contaminación fecal que los líquidos del alcantarillado, ambos fluidos residuales representan un riesgo para la salud humana tanto por la presencia de compuestos químicos como de microorganismos patógenos (Lucke 2003).

Tratamiento Aguas residuales:

Los principales procedimientos de tratamiento físico:

1.- FLOCULACION Y TRAMPA DE GRASA: colocación de una sustancia que produce un gel que atrapa partículas orgánicas que pueda traer el agua, formando unos elementos amorfos denominados "floculos" los cuales al atrapar las se vuelven más pesados

2.-SEDIMENTACION: los floculos pesados caen al fondo del tanque y el agua más limpia pasa a la siguiente etapa:

3.-FILTRACION: elimina los residuos de gel y algunas macro y micro partículas que puedan mantenerse en el curso del agua:

- GRAVA: atrapa las partículas más grandes.

- ARENA SELECCIONADA: atrapa partículas más pequeñas.

- Mallas (25 – 500 µm)

- CARBON ACTIVO: elimina color y sabor que pueda quedar en el agua

- GRAVA: retiene los restos de carbón que puedan pasar

En torno a los tratamientos químicos de aguas grises, a modo esquema, Nuñez, et al (ob. Cit.), destacan que existen múltiples, aplicados por diferentes fabricantes que ayudan a realizar este proceso, los más comunes utilizados son:

-Polímeros catiónicos, aniónicos o no aniónicos, siendo los catiónicos son los más apropiados para tratamiento residencial debido a su costo.

- Sulfato doble de Aluminio y Potasio (KAl(SO4)2·12H2O]), es el coagulante más usado, es un sólido de color gris, también conocido como alumbre alúmina, reacciona con los fosfatos y la alcalinidad del agua, son embargo su costo es bastante alto por lo que se recomienda usar para conjuntos residenciales, comercios o industrias.

- Sulfato Ferroso (FeSO4): se lo combina con Cal o Cloro, y se utiliza comúnmente en pH elevados alrededor de 9,5. Tiene un color azul-verdoso y se encuentra casi siempre en forma de sal heptahidratada, también son de costo bastante elevado.

- Sulfato férrico (Fe2(SO4)3): es un compuesto de hierro, azufre y oxígeno, es una sal solida de color amarilla y soluble en agua a temperatura normal, puede reaccionar con la alcalinidad del agua o con productos alcalinos como la Cal. El rango de pH debe menor de 4 ó mayor que 9.

- Cloruro férrico (FeCl3): se puede encontrar en forma sólida o líquida, se genera al reaccionar el cloro con el sulfato ferroso, su ventaja principal es el manejo que se le puede dar en diferentes rangos de pH entre 4,8 a 11, reacciona con la alcalinidad del agua y otros compuestos alcalinos.

6.3.4.- *Sistematización de la experiencia:*

Implementación de sistemas de reciclaje

Sabiendo cuales son las piezas sanitarias que necesitan agua potable y cuáles son las que no necesariamente las necesiten, se puede implementar el sistema de separación y reutilización de aguas grises, mediante el cual se diseñarían:

-Sistema de distribución de aguas blancas, para todas las piezas sanitarias excepto w.c. y riego.

-Sistemas de captación de aguas grises, proveniente de lavamanos, duchas, fregadero de cocina, lavadora, batea (se puede jerarquizar de acuerdo a la disposición del propietario)

-Sistema de almacenamiento de aguas grises captadas y tratamiento,

-Sistema de almacenamiento de aguas tratadas.

-Sistemas hidroneumáticos que reintegren las aguas grises a los W.C. y sistema de riego.

Las figuras 11-12 y 13 muestran sistemas y procesos de reutilización de aguas grises mediante conexiones y procesos especiales para que la vivienda cuente con un sistema de separación de las tuberías en su sistema de separación de las aguas grises de las aguas negras, evitando que estas se mezclen. El sistema permite reutilizar las aguas grises en la mayoría de los quehaceres domésticos excluyendo el consumo de esta.

Estanque de Almacenamiento para agua potable

Distribución de agua potable

Estanque de Almacenamiento de Aguas grises

Sistema de tratamiento

Distribución de agua reciclada

Distribución de aguas servidas

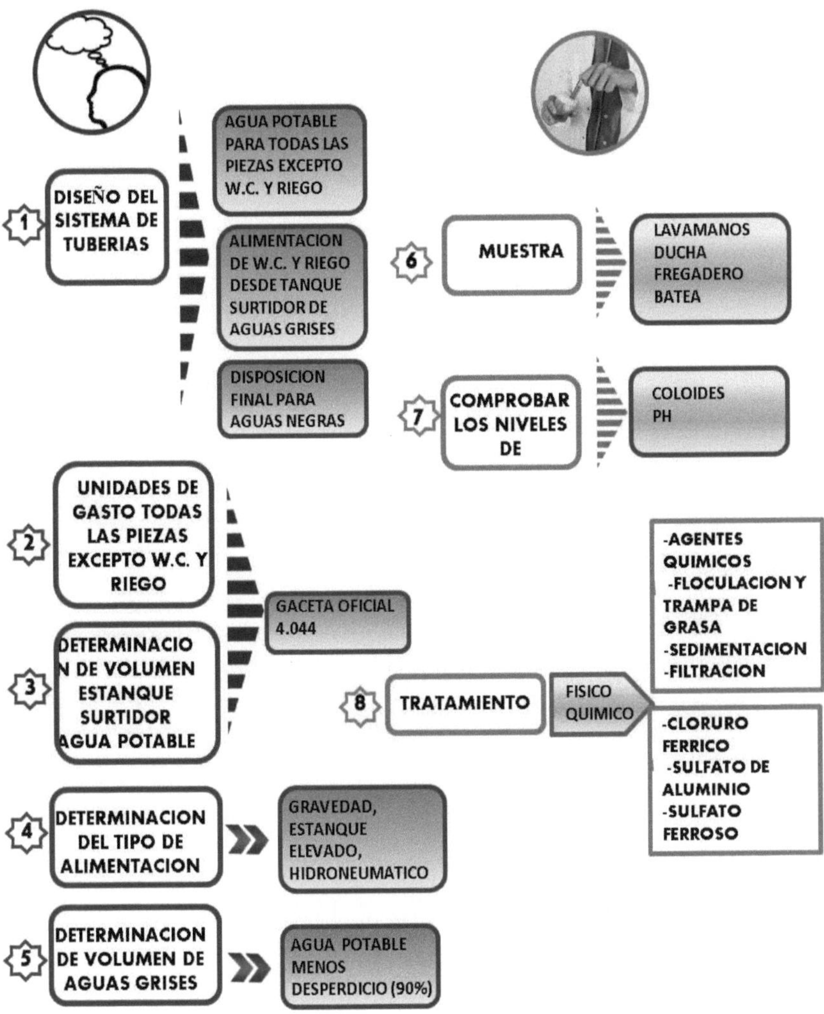

Figura 11. Esquema típico procedimental, acerca de las fases en el tratamiento para la revalorización de aguas grises, Fuente Moreno 2023

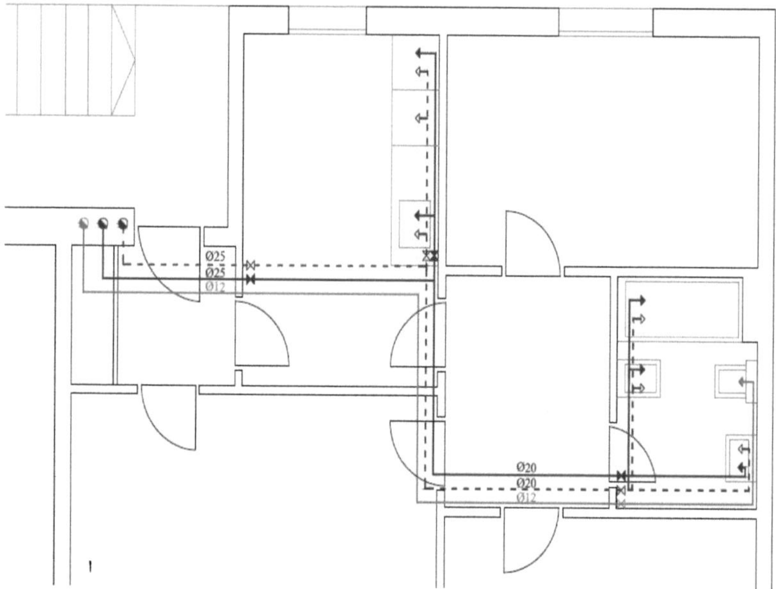

Figura 13. Ejemplo de esquema de aguas grises tratadas en paralelo a la red de abastecimiento convencional Fuente Castro M. 2.015.

REFERENCIAS CONSULTADAS

Abreu, T. (1996). Propuesta de una estrategia educativo ambiental basada en los principios del desarrollo sustentable y las características del visitante. Caso: Parque Recreacional Los Chorros. Trabajo de grado de maestría no publicado, Universidad Pedagógica Experimental Libertador, Instituto Pedagógico de Caracas, Caracas.

Baudo, J., & Ruiz, G. (2019). El Ambiente, La Ciencia y La Tecnología: Un Enfoque Transdisciplinario: The Environment, Science And Technology: A Transdisciplinary Approach. Revista AMBIENTELLANIA, 2(2), 20-28.

Ávila, E. (2012). Modelos matemáticos en estudios de procesos sociales. La recolección de datos psicométricos. Reseña 2011. Guía de estudio. Área de Postgrado UNELLEZ-VIPI. 59 p.

-Baños, M.; González, N. y Álvarez, J. (2013). Cambio de actitud pro ambiental en estudiantes de bachillerato en México. Revista didáctica ambiental. N° 12, Marzo. pp. 1-12

Camacho, C. (2018).La educación ambiental: perspectiva histórica de la colonialidad del conocimiento para definir y caracterizar la identidad nacional y la cultura latinoamericana. Educere, vol. 10, núm. 35, octubre-diciembre, 2006, pp. 601-610. Universidad de los Andes Mérida, Venezuela.

Carbajal D., Cornejo A., Alvarado A., Salinas L., León R., y Monge F. (2020). Identidad ambiental, actitud y comportamiento de conservación de agua en una comunidad alto-andina del Perú. Centro de Investigación Ambiente, Comportamiento y Sociedad (CIACOMS) Universidad Nacional de San Antonio Abad del Cusco-Perú Ministerio de Educación

Carballo N.(2022). Paradigmas de la Investigación, presentación en power point

Meléndez J, Lima M, Domínguez I, y Oviedo R. (2018). Reutilización de aguas grises domésticas para el uso eficiente del recurso hídrico: aceptación social y análisis financiero. Un caso en Portugal.

Departamento de Ingeniería Civil, Escuela de Ingeniería, Universidad de Minho, Portugal.

Cerny, C. A. and Kaiser, H. F. (1977). A study of a measure of sampling adequacy for factor-analytic correlation matrices. Multivariate Behavioral Research, 12(1):43-47.

Corraliza, J. A., Berenger, J., Moreno, M. y Martín, R. (2014). La investigación de la concienciacia ambiental. Un enfoque psicosocial. [Artículo en línea] en: https://www.juntadeandalucia.es/medioambiente/web/Bloques_Te maticos/Publicaciones_Divulgacion_Y_Noticias/Documentos_Tec nicos/personas_sociedad_y_ma/cap7.pdf. [Consulta: Septiembre 25, 2017].

Costa, J. (2021). Multicapitalismo: Por un capitalismo que nos ayude a crear empleo, proteger el clima y frenar la desigualdad. Ed. Deusto. Grupo Planeta, 2021. ISBN 8423432386, 9788423432387. 198 p.

Domínguez, A. L., Sánchez, G. J. y Torres, H. Z. (2010). Modelo de ecuaciones estructurales para las relaciones entre el clima organizacional y la productividad. Investigación y Ciencia. 18(50): 24-32

-Dos Reis N. (2020) Estructura Del Plan De Formación En Educación Ambiental Según La Conciencia Pro-Ambiental, , Faculdade De Ciências, Educação E Teologia Do Norte Do Brasil (Faceten), Brasil.

Fornell, C. y Larcker, D. F. (1981). Evaluating Structural Equation Models with unobservable variables and measurement error: Algebra and statistics. Journal of Marketing Research, 18(3), 39-50.

Gabiña (1997). El futuro Revisitado, Editorial Alfao-mega. Bogotá Colombia

Gharehdaghy, M. (2016). MASTER THESIS Public acceptance of greywater reuse in the Netherlands; barriers and motivations Final Version. Waterstream subject area University of Twente.

Henseler, J., Ringle, C. M. y Sinkovics, R. R. (2009). The use of partial least squares path modeling in international marketing. En R. R. Sinkovics y P. N. Ghauri (Eds.), Advances in international marketing (pp. 277-319). Bingley, UK: Emerald Group Publishing.

Hurtado de Barrera, J. (2008)b. El Proyecto de Investigación. Comprensión holística de la metodología y la investigación. Sypal-Quirón. Caracas.

Gomera, M., Villamandos de la Torre, F. y Vaquero, A. M. (2012). Medición y categorización de la conciencia ambiental del alumnado universitario: contribución de la universidad a su fortalecimiento. Profesorado. 16 (2):1-16. [Artículo en línea] en: http://www. ugr. es/local/recfpro/rev162ART11. Pdf. [Consulta: Enero 19, 2017].

Marín-Idárragaa, D., y Losada, L. (2015) Artículo Estructura organizacional y relaciones inter-organizacionales: análisis en Instituciones Prestadoras de Servicios de Salud públicas de Revista Estudios Gerenciales estgerencial@icesi.edu.co Universidad ICESI Colombia

Mousalli-Kayat, G. (2015). Métodos y Diseños de Investigación Cuantitativa. Mérida. bajo licencia de Creative Commons Internacional.

Hernández, R. S; Fernández, C. C y Baptista, L. M. (2010). Metodología de la investigación. McGraw-Hil-Interamericana. México, D. F. 5ta Ed. 613 p.

HREDS2030-GE. (2021). Hoja de ruta estrategia de desarrollo sostenible 2030. Gobierno de España. Vicepresidencia segunda de Gobierno. Ministerio de Derechos Sociales y Agenda 2030.

Jiménez, M. y Lafuente, R. (2010). Definición y medición de la conciencia ambiental. Revista internacional de sociología, ISSN 0034-9712, Vol. 68, N°. 3, 2010, págs. 731-755.

Jiménez, M. y Lafuente, R. (2014). La operacionalizacion del concepto de conciencia ambiental en las encuestas. La experiencia del Ecobarometro andaluz. [Artículo en línea] en: http://www.iesa.csic.es/publicaciones/201120130.pdf. [Consulta: Enero 19, 2017].

MINEDU-MINAM. (2017). Plan Nacional de Educación Ambiental 2017-2022. PLANEA. Perú. [Artículo en línea] en: http://extwprlegs1.fao.org/docs/pdf/per161555anx.pdf[Consulta: Septiembre 25, 2020].

Naciones Unidas. (2015). Proyecto de documento final de la cumbre de las Naciones Unidas para la aprobación de la agenda para el desarrollo después de 2015. Los 17 Objetivos de Desarrollo Sostenible y las 169 metas. . [Documento en línea] en: http://www.un.org/es/. [Consulta: Marzo 24, 2022].

Pérez, Y (2021). Modelo prospectivo de gestión estratégica de concienciación ambiental para el desarrollo sustentable, Tesis de grado para obtener el título de Doctor en Ambiente y Desarrollo, UNELLEZ VIPI, San Carlos Cojedes.

UCC. (2020). Gestión del proceso de innovación de las prácticas de enseñanza en instituciones educativas Un estudio prospectivo a diez años. Universidad Catolica de Córdoba Jesuitas. Facultad de Educación. https://www.researchgate.net/publication/342552047

Rojas, Y. M. (2004). Programa de capacitación en el área de educación ambiental para la aplicación del eje transversal ambiente, dirigido a los docentes de la segunda etapa de educación básica en la escuela básica "Tribu Jirahara", Municipio Bruzual Estado Yaracuy. Trabajo de grado, UNA, Yaracuy, 75 pp.

Sarmiento, C. A. N., Salamanca, L. R., Rondón, M. Ponce, M., Charria, S. M. P. y Suescun, S. (2017). Plan prospectivo sobre la educación para el desarrollo sostenible y sustentable al año 2020. [Artículo en línea]   en: http://stadium.unad.edu.co/preview/UNAD.php?url=/bitstream/105 96/3421/1/47435792.pdf. [Consulta: Septiembre 25, 2019].

Smith, J. D. (1997) The study of animal metacognition. Trends Cogn Sci 13(9):389–396

Tamayo y Tamayo, M. (2004). Proceso de la Investigación Científica. Editorial Noriega Editores. Cuarta Edición. México.

Tonello, G. & Valladares, N. (2015). Conciencia ambiental y conducta sustentable relacionada con el uso de energía para iluminación.. Gestión y Ambiente, 18(1),45-59.[fecha de Consulta 3 de Abril de 2021].   ISSN: 0124-177X.   Disponible   en: https://www.redalyc.org/articulo.oa?id=169439782003

Taher, J. Awayes, S. Cavkas, y B. Beler-Baykal. (2019). Actitud de la comunidad acerca de la aceptación de la reutilización de aguas grises en Estambul y el impacto de informar a los consumidores potenciales. Departamento de Ingeniería Ambiental, Universidad Técnica de Estambul, 34469 Ayazaga, Estambul, Turquía

UNESCO. (2015ª). Educación para el desarrollo sostenible. [Documento en línea] en: http://www.unesco.org/new/es/education/themes/leading-the-international-agenda/education-for-sustainable-development/education-for-sustainable-development/. [Consulta: Enero 23, 2017].

UNESCO. (2015b). Educación ambiental y desarrollo sostenible. [Documento en línea] en: http://www2.uned.es/catedraunesco-educam/. [Consulta: Enero 23, 2020].

Normas Sanitarias para proyectos, construcción, reforma y mantenimiento de edificaciones (1988) (Gaceta Oficial N° 4.044) Caracas, Venezuela.

Venezuela, (2019). Proyecto Nacional Simón Bolívar, Tercer Plan Socialista de Desarrollo Económico y Social de la Nación 2019-2025, Gaceta Oficial: Caracas, lunes 8 de abril de 2019 N° 6.446 Extraordinario.

Venezuela. (1999). Constitución de la República Bolivariana de Venezuela. 1999. Título III. De los Derechos Humanos y Garantías, y de los Deberes, Artículo 87.

Venezuela (2018). Ley de Aguas. Gaceta Oficial de la República Bolivariana de Venezuela. No 41.377 [Extraordinario]. Caracas, Abril 2018

Venezuela. (1997). Gaceta Oficial N° 36.229 del 17-06-1997. Decreto N° 620, mediante el cual se declara que los servidores públicos, deben estar en capacidad de instaurar una cultura gerencial en la institución, para así diseñar y operar en un ambiente donde las personas trabajan en equipo, contribuyendo al logro de los objetivos de la organización.

Venezuela. (2006). Ley Orgánica del Ambiente (Gaceta Oficial de la República Bolivariana de Venezuela N° 5.833, 22- 12- 2006): Extraída de: http://www.minamb.gob.ve/ files/Ley%20Organica% 20del%20Ambiente/LeyOrganica-del-Ambiente-2007.pdf

Venezuela. (2006). Ley penal del Ambiente (Gaceta Oficial N° 39.913 del 02 de mayo de 2012): Extraída de: http://www.derechos.org.ve/pw/wp-content/uploads/Ley-Penal-del-Ambiente2.pdf

Vidal, C. J. (2010). Medición de la conciencia ambiental: Una revisión crítica de la obra de Riley E. Dunlap. Athenea digital. 17:33-52. www.crefal.edu.mx/bibliotecadigital/CEDEAL/acervo_digital/coleccio n_cre fal/retablos%20de%20papel/RP03/tiv4.htm

JMP®. (2023), Multivariate Methods. Version <17>. SAS Institute Inc., Cary, NC, 1989–2023.Support:https://www.jmp.com/support/help/en/17.1/. Documentatión: https://www.jmp.com/en_us/support/jmp-documentation.html.

JMP Statistical Discovery LLC (2022–2023). JMP® 17 Multivariate Methods. Cary, NC: JMP Statistical Discovery LLC. 418 pg. https://www.jmp.com/content/dam/jmp/documents/en/support/jmp171/multivariate-methods.pdf

SAS/STAT®. (2013). Statistical Analysis Software. Users' Guide Statistics Version 9.4. SAS Institute Inc., Cary. 5136 pg. https://support.sas.com/documentation/onlinedoc/91pdf/sasdoc_91/stat_ug_7313.pdf

IBM Corp. (2020). Guía del usuario de IBM SPSS Statistics 26 Core System. IBM SPSS Statistics for Windows (Version 26.0) [Computer software]. IBM Corp. 338 pg. https://www.ibm.com/docs/en/SSLVMB_26.0.0/pdf/es/IBM_SPSS_Statistics_Core_System_User_Guide.pdf

JASP Team (2023). JASP (Version 0.17.2)[Computer software]. https://jasp-stats.org/

Epskamp, S., Cramer, A. O., Waldorp, L. J., Schmittmann, V. D., & Borsboom, D. (2012). qgraph: Network visualizations of relationships in psychometric data. Journal of Statistical Software, 48(4), 1-18.

Susanti, Y. et al. (2013). Estimación M, Estimación S. y Estimación MM en Regresión Robusta. Recuperado el 10 de Mayo de 2023 de: https://ijpam.eu/contents/2014-91-3/7/7.pdf

Yáñez, C. S., Jaramillo, C. M. E. y Correa, M. J. (1999). Una revisión de medidas multivariadas de asimetría y Kurtosis para pruebas de multinormalidad. Revista Colombiana de Estadística. Vol. 22 (2): 5 – 16. file:///C:/Users/hp%20pc/Downloads/revcoles,+10170-18787-1-CE%20(2).pdf

Ospina, E. S. M. (2022). Evaluación de una versión modificada de la prueba Shapiro-Wilk Generalizada con estimación shrinkage de la matriz de covarianzas: caso de alta dimensión con muestras pequeñas. . TG. Universidad del Valle sede Meléndez. Facultad de Ingeniería Escuela de Estadística. 94 p. https://bibliotecadigital.univalle.edu.co/bitstream/handle/10893/24333/3752%20O83eva.pdf?sequence=1&isAllowed=y

Newman, M. E. J. (2002). Assortative mixing in networks. Phys. Rev. Lett. 89 (20): 208701. doi: 10.1103/PhysRevLett.89.208701

QuestionPro. (2023). Pasos para validar un instrumento de investigación. https://www.questionpro.com/blog/es/pasos-para-validar-un-instrumento-de-investigacion/#:~:text=La%20validaci%C3%B3n%20de%20un%20instrumento,una%20tarea%20r%C3%A1pida%20o%20f%C3%A1cil.

yes

I want morebooks!

Buy your books fast and straightforward online - at one of world's fastest growing online book stores! Environmentally sound due to Print-on-Demand technologies.

Buy your books online at
www.morebooks.shop

¡Compre sus libros rápido y directo en internet, en una de las librerías en línea con mayor crecimiento en el mundo! Producción que protege el medio ambiente a través de las tecnologías de impresión bajo demanda.

Compre sus libros online en
www.morebooks.shop

info@omniscriptum.com
www.omniscriptum.com

Printed by Books on Demand GmbH, Norderstedt / Germany